孤独力

（日）午堂登纪雄／著

闫雪／译

天津出版传媒集团

天津人民出版社

图书在版编目（CIP）数据

孤独力 / （日）午堂登纪雄著；闫雪译 . -- 天津：天津
人民出版社 , 2018.9（2020.4 重印）
ISBN 978-7-201-14007-0

Ⅰ . ①孤… Ⅱ . ①午… ②闫… Ⅲ . ①人生哲学
Ⅳ . ① B821

中国版本图书馆 CIP 数据核字（2018）第 199685 号

著作权合同登记号：图字 02-2018-310

"JINSEI NO SHITSU WO AGERU KODOKU WO TANOSHIMU CHIKARA"
by Tokio Godo
Copyright ©T.Godo 2017
All Rights Reserved.
Original Japanese edition published by Nippon Jitsugyo Publishing Co., Ltd.
This Simplified Chinese Language Edition is published by arrangement with Nippon
Jitsugyo Publishing Co., Ltd. through East West Culture & Media Co., Ltd., Tokyo

孤独力

GUDU LI

（日）午堂登纪雄 著　　闫雪 译

出　　版　天津人民出版社
出 版 人　黄　沛
地　　址　天津市和平区西康路 35 号康岳大厦
邮政编码　300051
邮购电话　（022）23332469
网　　址　http://www.tjrmcbs.com
电子信箱　tjrmcbs@126.com

出 品 人　柯利明　吴　铭
总 策 划　张应娜
责任编辑　玮丽斯
特约编辑　闫　瑾
营销编辑　袁崃崃　赵昊锡
版式设计　张志浩
封面设计　姚姚设计工作室

制版印刷　大厂回族自治县德诚印务有限公司
经　　销　新华书店
开　　本　145 毫米 × 210 毫米　1/32
印　　张　8.5
字　　数　132 千字
版次印次　2018 年 9 月第 1 版　2020 年 4 月第 3 次印刷
定　　价　42.80 元

享 受 孤 独

随着 LINE[1]、Facebook（脸书）、Instagram（照片墙）等社交软件的广泛运用，以及载有这些软件的智能手机的普及，**我们当下处在一个无时无刻不与他人连接的"持续在线"时代。**

这些社交软件满足了人们被认可的需求，可谓是利器。年轻人中，很多人非常在意他人的看法，为了得到他人的"点赞"，不惜花费大把心思在修片上面。

而且，大多数人对"孤独"或"孤单"这样的词语，也持有消极印象。实际上，日本人都习惯性地认为人际关系很重要，认为"孤独是一件不光彩的事"。**我想没多少人会站出**

---

[1] LINE，一款即时通讯软件，可称为"日本微信"。

来彻底反对"一个人活不下去"这个说法。

此外，比如见到新学期第一天放学回家的孩子，父母首先会问："你交到朋友了吗？"同理，人们总觉得身边朋友和同伴少的人，换句话说那些"孤独的人"，他们做人似乎很失败。这种观念一直被作为一种价值观，强行灌输到我们的脑海中。

还有，电视和杂志等媒体中也会不时出现"孤独死"[1]一词，由此可见很多人都认为"孤独"代表着消极。

因此，大多数人都会设法回避孤独，不让他人知道或看到自己形单影只的样子。

其实，孤独并不可悲，**总认为"孤独的人很可悲"是源于你的固有观念。这种根深蒂固的观念才有待斟酌。**

比如说，"饭友症候群"（如果没有一起吃午餐的朋友或同事就感到压力很大，因此无法去上班或者上学）或者"厕

---

[1] "孤独死"是指独自生活的人在没有任何照顾的情况下，在自己居住的地方因疾病等突发原因而死亡。"孤独死"以老年人，特别是高龄老年人居多。该现象在人口老龄化的日本尤为突出。

所饭"（在厕所或单间里吃便当）这些现象的产生，都是因为极端害怕被别人看见落单，怕被人说："那家伙真可怜，连个朋友都没有。"

于是，这些认知就催生了一些自己原本不想做的行为：比如为避免落单，避免被认为是孤独的人，强迫自己与并不想交往的人交往，压抑自己的本性去融入并不想融入的群体。

可是，这样一来，**你就无法活出真实的自我，因为你总是为了迎合周围的人而不断忍耐，你的精神迟早会崩溃，最终对人际关系产生厌倦，茫然不知所措。这样的人不在少数。**

● 孤独力是一种能被提升的"能力"

正因为我们处在这样的时代中，我们才更需要获得"孤独力"。

本书中所说的"孤独力"，并非指避免与他人接触，喜欢上物理的孤独状态，或者封闭自我。

"孤独力"是指**在社会中与人打交道的同时，也能始终把自己的意志放在中心位置，积极承担起自己责任的一种生活姿态。**

有了这种姿态，无论跟谁在一起，你都能很享受，自己一个人也能很享受。即便是物理上的孤独，真的只剩自己的时候，你也不会感觉寂寞。

为了能牢牢拥有这种感觉，你需要养成与自己对话，也就是——"自省"的习惯。

自省是一种高度知性的行为，你要建立自己的价值观，然后以此为根基，回顾自己的经历，对其进行分析和总结，看看是否需要修正自己的思维和行为模式，借此来让自己得以成长。

精神医学专家兼心理学者安东尼·斯托尔（Anthony Storr）[1] 曾

---

[1] 安东尼·斯托尔（Anthony Storr），英国心理学家、精神病学家和作家。

说："能独处的能力与自我发现和自我实现紧密相连，与自己最深的需求、情感及冲动息息相关。"

换句话说，在孤独中，你能更确切地了解自己真实的内心，并将其展现和反应在自己的生活方式上。

借由孤独，你可以打磨自己的内心。就像 AI（人工智能）通过深度学习（Deep Learning）来自我进化一样，**你通过孤独进行自省，可以说是在推动自我的精神进化（Self-deep Learning）**。

● 孤独力就是持有类似"特立独行"一样的强大力量

具体的内容我将在正文中介绍，在这里我想告诉大家，通过在孤独中直面自我与自己对话，你将能按照自己的意愿来控制自己的情感。

如果你能自我理解、自我认可，就不会产生类似"他不理解我""他不认可我"的抱怨。

因为面对一件事时，你只要自己尽了全力，无论结果如何，你也能认可自己的努力。

你能在心中自我消化烦恼和不安，改变对事情的解读方式，感受到更多的幸福。如果想得到这样强大的内心，独处必不可少。

一旦发生什么状况，你也有自信，相信自己一个人也能解决问题。即便被人讨厌或排挤你也不在意，"对自己来说，真正重要的是过好自己的人生"。这种信念的强大程度，可以用来衡量一个成年人的成熟程度。

换句话说，本书中所说的孤独，**并非指主动回避与他人的接触，被所有人忽视或者孤立，而是选择走自己坚信的道路，一个近似于"特立独行"的概念。**

跟大家一起很开心，但自己一个人也能很开心。无论身处怎样的环境，你都能享受当下。不害怕自己一个人，你就不用强迫自己去迎合周围的人际关系，更能活出真实的自我。

本书中介绍的"孤独"，它的意思并非负面的孤独，而是人们想要心理成熟所必经的过程，一种积极意义上的孤独。而且，我还会为大家介绍方法论，告诉你如何运用孤独让心灵获得成长。

因为孤独而感觉寂寞难耐，因为孤独而感觉痛苦不堪，如果这样的人能因为读了我的书，发现孤独原来可以是这么美好的事情，那作为作者的我将感到无比喜悦。

午堂登纪雄

2017年10月

第 2 章

Ⅱ

人际关系

第3章
价值观

IV 第4章 行动

VI 第6章
家庭

孤独力

THE POWER OF LONELINESS

第 1 章

内 省

01

停止
~~害怕孤独~~

✕ 不能停止的人
个性得不到磨炼

✓ 能停止的人
个性得到磨炼，魅力倍增

孤
独
力

● 了解"真实的自己"

害怕孤独的人，无法充分了解自己。因为身边总有人，或总与人连接着，他们没有充足的时间来内省。

比如，有些人到找工作时，才发现不知道自己适合什么工作，自己想做什么。这就是因为没有看清真实的自己。因为没有习惯与自己对话，**因此，突然出现"自我分析"等这种需要直面自我的场景时，他们就会踌躇不前。**

"对未来不抱希望"的想法也源于同样的原因，因为不清楚自己的优势和劣势，所以不知道该采取怎样的行动，为此常常陷入不安和绝望中。

一个人只有通过内省，才能了解自己的长处和短处，了解"真实的自己"。

然后，**当你越来越了解自己，那能发挥自身优势的道路也会越来越清晰**。这是一种能让你更接近幸福的方法，因为它可以对你的职业选择、人际关系、金钱使用等方方面面，都带来积极的影响。

释放出真实的自我，你的个性会变得亮眼，这会演变为自信，让你越来越确信可以真实地做自己。

作家高尔基曾说："所谓才能，就是相信自己，相信自己的能力。"如果一个人相信自己的能力，他就会去珍惜，去思考如何施展自己的能力。如果打磨自己的个性与才能成为你生活的意义，那么孤独感将与你无缘。

同时，如果有这样坚定的信念，**即便遭受负面的评价和对待，在对照真实的自己后，你也能由自己的意志决定，是该选择接受，还是该不予理会。**

直面自己后，即便发觉"的确如他人所说"，你也能安慰自己，"我就这样挺好的"；或者修正自己"下次我像那样做"。

这样一来，你就不会出现自我否定或厌恶的情况，能接纳自己真实的内心，并予以肯定。

即便觉得自己是弱者，你也不会气馁。弱者就按弱者的方式进步就好。虽然弱，但自己也走到了今天。即便无法成就惊天动地的大事，但自己依旧会好好活下去……

◉ 暴露自己的勇气

然后，你需要打开柔软的自我。你不要粉饰自己，或者强行夸大自己的实力，而要勇敢展示当下的自己："自己虽然是弱者，但这就是真实的我。"

这样一来，**你就能自我肯定，不断对外展示自己，即便自己弱，你也能自我接纳。**越能展示自己，你就越能习惯这个状态，就不会再虚荣，或者再过度在意他人眼光了。这样，你就能逃脱那些强加给自己的观念，不再强迫自己一定要当好人，或是压抑自我去迎合周围人。

相反，如果不这样做，你会总是关注自己的缺点，总是悔恨过去。

重要的是从当下开始的未来。你要思考从现在开始自己

该做什么，该改变些什么，这些都需要从自己当下的现实出发，如果总是自我否定，人是无法前行的。

然而，我所说的接纳和肯定真实的自我，并不指满足于现状，不再成长，或是让你变得固执己见。

而是"认可当下的自己，不去否定自己"。

● 所谓享受孤独，
就是做自己，按照自己的方式生活

我们生来就是世界上独一无二的个体，没有任何人可以替代。

可是，无法享受孤独的人、害怕孤独的人，为了不被他人嫌弃，不被群体所排斥，他们会压抑自己的真实想法，去迎合周围人。如果从小养成这样的习惯，那他们的自主能力将无法得到培养，个性将无法得到打磨。**努力回避孤独也是一种自我敷衍，因为不知道"我是这种性格的人"，因而很难确立自我意识。**

孤独和寂寞的人还很容易感到不安，情绪容易不稳定。这是他们的自我缺乏力量，精神上没有成熟所导致的。

然而，**如果确立了自我，你就会感到情绪上的稳定，不再感觉寂寞，独处时反而感到丰盈和充实。**

另外，人会感到寂寞的情况，还有当你感觉没人真正理解自己时；或感觉自己的想法不被接受，被周围人所忽视时。

为了跟周围人打成一片，你就克制自己去迎合周围人，这样一来，你就不会跟周围产生摩擦，人际关系上也就不会出现波澜了吧。

可是，这样一来，你就带上了面具在生活，最终并不会感觉自己被周围人所接受。

换句话说，**为了避免孤独而压抑自我，迎合周围人，你越这样做，就越容易感到孤独，无论和谁在一起都会感到孤独。**

然而，你如果说出自己的真实想法，贯彻自我意志，充分发挥自己的能力，虽然有时会与周围人发生摩擦，也许也会有人因此离开你。但即便知道有人会讨厌自己，你也贯彻自己想做的事情，这是珍惜自我人生的行为。即便知道有人会讨厌自己，你也坚持展示自己的个性，反而会有越来越多的人因此感受到你的魅力。

02

停止
~~总是和别人在一起~~

❌ **不能停止的人**
没有时间内省

✔ **能停止的人**
有时间内省并掌握人生主动权

孤
独
力

● 锻炼内省力

与自我对话的"内省时间"非常重要。

那到底什么叫内省呢?

在同一家公司工作,有人觉得工作很有意思,有人觉得了无生趣而辞职。即便大家都生活在同一个国度,有的人感到幸福,有的人却觉得不幸。

几乎所有事情都同理。**并不存在"快乐""无聊""幸福""不幸"等客观状态,你的状态是根据你对事物的"解读方式"而变化的。**

想让自己的解读方式变得更积极,你需要培育出另一个自我。这个自我可以让你离开当下的自己,客观真实地去观察自己的内心动态。

"内省"就能让你做到。你反复进行内省，**内心深处的声音就会更快地反应到你的脑海中。**

如果你能准确听到自己的心声，那当你面对迷茫或犹豫时，也能更直观地做出遵从自己意愿的判断。

另外，**回顾自己曾做过的事情和拥有的经历，仔细梳理自己的人生履历，你就可以某种程度上预测自己身边将会发生的事情。**换言之，你可以把事情揽入自己"预料的范围"之中。

有了这样的积累，你就能预料自己做的事情会带来怎样的结果，并提前做好相应的准备，内心便会感到安定与舒坦。

在各种刺激和变化及日夜忙碌中，因为总是把握了自己身处的位置，知道该怎样应对和处理，你就能拥有过着自己人生的真实感，真切地感觉到幸福。

然后，你就能更清晰地看到自己的使命、应该完成的角色、贯彻的工作以及前进的方向。由此，**你会得到一种类似自我实现的感觉，一种自己的人生由自己来导演的"掌控感"。**

◉ 修正对事物的接受方式

内省的第一步是意识到这样一个循环：**事情→情感→思考→行动→结果。**

如果发生事情，即便你感到焦急，也不要立即采取行动，而是接纳自己的情绪，在行动前插入"思考"这一步。然后，想象自己的"行动"可能导出怎样的"结果"，思考怎样做才能得到最好的结果。然后，你再开展行动。这个过程就是理性思考的过程。

当这样的内省活动成为习惯后，你即便有愤怒不安的负面情绪，也不会因此做出毁灭自己人生的行为。

不会因为被感情支配而失去自我，瞬间会有另一个自我站出来，采取让自己免于后悔的合理行动。这样的姿态能为你带来满意度更高的人生。

与他人在一起，面对自己的时间自然会减少。如果你感到孤独，就更需要直面自我。

那些不惧孤独的人，之所以看起来行动稳健，是因为在他们内心常常重复着人们看不见的思考。

为此，我们需要创造"一个人内省的时间"。

● 校正"思考的陋习"

拥有了靠自己就能适应环境的实感，你就能有效地控制自己的情感和行为。如果办不到，你会一直处在不安之中。

害怕孤独的人、人际关系糟糕的人，还有感觉生活封闭和痛苦的人，他们都会把普通人不当问题的事情当成"问题"，普通人只感觉"一分"的痛苦，他们会感到"十分"的痛苦。

小小的冲突都会带来过度的冲击，从而惊慌失措，"糟糕了！""不得了了！""怎么办？"

他们口头上说"糟糕"，实际上并非多糟糕。他们口中的"不得了了"，其实基本上也是一些小事。

为了不把一些小事夸大解读，就需要我们常常回顾自己的经历，验证其中的原因和结果。

而且，如果你带着很多条条框框"应该这样做""不应该这样做",或者你这样的想法很强烈,那你就很可能为他人一点言行上的问题而焦躁不安,感觉压抑难忍。

这样的人大多自己肯定感低,相反自尊心却很高,因此会在各种各样的事情中感到痛苦。

想从这种状态中走出来,你就要意识到自己在执着于小事,然后一件一件地确认,该事情是否重要到与自己的幸福相联。

通过了解自己执着的事情、纠结的事情、相信的事情,以及检查其是否有合理依据,你就能选择接纳,并从中获得解脱。

03

停止
~~逃避痛苦的感情~~

❌ **不能停止的人**

　　欺骗自己的内心，无法拥有深度

✅ **能停止的人**

　　超越痛苦，人格魅力得到增加

◉ 坦诚地接受情感的勇气

内省的方法之一，就是"内观"。

所谓内观，如字面所述，就是观察自己内心动向和情绪。

比如失恋了感到痛苦，或失业了感到痛苦，即便如此，你也不要掩盖这种情绪，而是静静地与这个情绪待在一起。"自己这么痛苦啊""自己这么难受啊"，接受这些情绪，不要否定它们。

这是一件需要勇气的事情。没有这个勇气的人会回避直面自己的情绪，通过酗酒或暴饮暴食，或者跟无所谓的异性发生短期关系来逃避自己的情绪。

可是，这就像在臭东西上盖盖子，只是掩耳盗铃而已。通过与他人的欢闹来回避思考，这种行为只是在敷衍自己的内心而已。

"从人生谷底爬起来的人"因为拥有了跨越悲伤的自信，让他们显得熠熠生辉，这种自信展现在他们的一言一行中，催生了他们的人格魅力和深度。但是，如果你一直在敷衍自己的内心，那痛苦就无法升华为你的人格魅力。

◉ 没有必要忘记，而要想起

比如，失恋时心痛的感觉非常强烈，感觉像人生就要结束了一样。可是，如果想从这里站起来，你就不要不去思考，而是让自己想起来。不是想"接下来怎么办"的未来，而是去回顾曾经快乐的过去，回到过去。

回顾过去，沉浸在快乐的余音中。这样做也许会感觉更悲伤，但是你也要接纳这样的悲伤。也许会哭好几次吧。但我们就是要这样一个人面对从心底涌起来的悲伤。

而且，这个过程可能要花好几个月，说不定还可能花好几年，但如果你能反复持续做，回忆到生厌，渐渐回忆

的这个"事实"，与悲伤这个"感情"分离的那一刻就会
到来。

然后，在某个地方，另外一个冷静的自己会探出头，告
诉自己："虽然自己觉得那个人很重要，但在对方看来，自己
并不是重要的存在。这虽然让人伤心，但对方有对方的人生，
自己也只能过好自己的人生。"

而且，这个冷静的自己还会总结出教训，指导自己下一
次的恋爱行动。

● 不要随意否定自己

通过"内观"控制自己的情绪是有诀窍的。

其中的一个诀窍的就是**"不要否定自己"**。

自己的情绪就是自己的情绪，不要否定那些涌上心头的
情绪，而是要接纳它们。比如，"为这样的事情而烦恼，自己
真没用""自己不应该为这种事情而郁郁不安"等，如果这样
否定自己，反而会让自己感到更痛苦。

　　另外，对其他人的情感也是一样。在自己心中如果有了"不应该憎恨他人"这样的固有观念，你就会陷入自我厌恶中，觉得"憎恨他人的话，自己仿佛就不配做人了"。

　　所以，你要接受一切。"我讨厌那个人。我就是讨厌他。"当你讨厌他人，就让自己讨厌吧，没关系。不要否定这种讨厌的情感。

　　"可以讨厌别人""有讨厌的人也没关系"，当你接纳这样的自己后，你就会感到内心得到了释放。

　　这样准确地把握了自己的情感"我讨厌那个人""我憎恨那个人"后，你就不会出现内在情绪的反抗，不会突然爆发做出无法挽回的行为。

　　"看到那个人就讨厌""最讨厌那个人"，当你越明确意识到自己这样的情感，就越能分析出对方的性格。"这个人原来是这样的性格。这样的性格是怎样来的？""该怎样跟这样的人接触才能对自己有利？"你会发现另一个更冷静看事情的自己。

◎ 不要胡乱鼓励自己

另一个内观诀窍，是不要被道德伦理所绑架。不要勉强地鼓励自己。

比如，当事情进展不顺，你感觉受挫时，"不要烦恼！""我要加油！""不要因为这种事气馁！""加油！"我们是不是这样给自己加油打气？

当然，这样给自己打气后，能振作精神的人可以这样做，可是，当你已经开始否定"无法加油"的自己时，这样做只会让自己感到身心俱疲，尤其在当今这个信仰"努力奋斗""永不放弃"的社会中，你很容易陷入鄙视不努力的自己这种自我厌恶的恶性循环中。

"内观"的关键，在于不要用条条框框对自己说教，而**是接纳自己自然而然发出来的心声。**

所以，当你感觉"我现在已经很疲惫了，想要休息一下"，那就顺从自己"我想休息一下"的本心。

这样你就挣脱了条条框框的枷锁，很敏感地察觉到"自己的真实声音是这样的"。

要达到这个状态，需要一段时间来习惯，但当你越来越习惯诚实面对自己的心声时，你就越来越不会被条条框框所困，越来越感受到自己真正的本心。

04

停止
~~把日程安排得太满~~

✕ 不能停止的人
内心平衡容易崩塌，倍感精神压力

✔ 能停止的人
内心取得平衡，心满意足

孤独力

● "想一个人待着"是身心健康的表现

每天被工作和育儿赶着向前跑，有时会忽然想一个人待着？如果是这样，说明你的内心非常健康。

为什么？因为一个人待着的这种孤独状态，具有"自我修复功能"。

我们每天都要遇到各式各样的人和事，积累各种体验。而且，我们还会吸收很多新信息和知识。

对于这些东西，我们会产生很多不同的情绪，有时感到不安与愤怒，有时感到兴奋和伤心。

有时我们还要直面与自己价值观和意志不符的情况，不得不接受意料之外的结果。

像这样，**把发生在自己身上的事情和状况，与自己的价**

值观做比较，找到让自己能接受的理由，这是一种我们需要的让身心统一的行为。

比如，那些"不幸中的万幸"，就是即便发生了意料之外的事，还是能自我消化，找出对自己的意义。这些都是先人传下来的智慧。

通过这样的思考，说服自己的内心，减轻自己的压力，得到内心的平衡。结果，内心不但能感到安定，而且还能感到充实和动力。这就是"自我修复功能"。

可是，如果不在孤独中直面自我，这种功能就无法发挥作用。因此，在接连不断忙碌时，人会希望一个人待着。

另外，与人来往，是一个伴随着大量能量消耗的行为，需要迎合对方点头示意，需要自己寻找话题和提供信息，等等。

可能真正热爱社交的人并不会有这样的感受，可如果这个过程一直持续，你的精力就会枯竭。"见了大量的人，感到很疲惫。"之所以会有这样的感受，就是因为你花了很多心思，精力被消耗掉了。想要恢复精力就需要有一个人独处的时间。

● 直面自己的时间非常重要

　　人并不是在与人接触中成长的。人是把与人接触中产生的刺激，在自己内部消化，与自己的意识和价值观碰撞，找到更加合适的言行，从而调整自己，这个过程中成长起来的。

　　实际上，有很多人，即便他们见过很多人，他们的内心依旧还是一个不成熟的大人。

　　那些只是朋友数量多的人，反倒给人肤浅的感觉，这是因为他们没把外在刺激进行内在消化。

　　孩子也是同理。时间被各种补习班占满后，与自己对话的时间就无法得到保证，于是很容易感到焦虑。**"回顾自己的经历，让自己被认可和接纳"这个过程如果无法完成，就会变成压力。**

　　即便在学校里一直同伙伴们玩耍的孩子，也会放学后一个人回家，或在被窝里暂时发呆。这时候，即便周围人看不到，他们本人都在进行内省，以求获得内心的平衡。

　　因此，如果你想一个人待着，就优先满足自己的需求。去休假，或找时间什么都不做，只是发呆，或在公园、咖啡

厅里坐着，或长时间泡在浴缸里。通过这些行动，尽量让自己一个人的时间得到保障。

◎ 孤独是内心成熟的表现

可是，讨厌这种孤独的人，由于身心统一这项作业完成得不够，他们心中总是无法安定。因此会更想要融入群体中，以求确认自己的存在感，他们埋头在社交软件里，确认自己与他人的联系。他们很容易采取相反的行动。换句话说，他们的内心没有成熟。

人在精神上成熟后，会喜欢上孤独。

比如，一般来说，女性在精神上成长速度比较快。尤其上高中后，越成熟的女孩子越有规避群体的倾向。她们会觉得群体里的对话很幼稚，感觉集体行动让人难堪。

当然，这并不是说她们断绝了朋友关系，她们还是会跟朋友一起欢闹，与周围步调一致。可是，这还是会让她们觉得疲惫，于是她们会自然想要自己单独待着。

因此，我们经常看见的独来独往的孩子，很多在精神上都很自律。

而且，越自律的人，越不会感到孤独。相反，正因为他们享受孤独，**因此一个人待着也不会感到孤独。**

● 察觉危险的天线

没有独处时间的恐怖之处，在于你察觉危险的能力可能会下降。

一个典型例子就是过劳死。虽然，据说过劳死是因抑郁导致的，但事实上，过劳死是一种无法与自己对话，从而迷失了自己的状态。

太过忙碌，无法直面自己所处的状态，不安、苦恼，于是看不见"休息""辞职"等选项。

从早上 7 点到晚上 0 点，一直忙个不停，你不可能有机会自省。这样一来，甚至连生命危险都没法察觉。

因此，无论多忙，你都要确保一个人的时间。工作再繁忙，

你都要在确保意识到内省时间重要性后，选择相应的工作方式。

通过内省，接纳自己的情绪，察觉到自己这些"痛苦""已经到极限了"的感受，从心底发出温柔的声音安慰自己"原来自己这么痛苦""看来真的已经到极限了"。

有些时候，可能还会有反向的声音出现，"不行，怎么能这样脆弱"。

即便如此，你也要仔细聆听，从内心的更深处发出声音开导自己："没必要否定自己。吐苦水的自己也是自己啊。"

坦诚待己后，你就能意识到自己在勉强自己，知道自己已经到了忍耐的极限。然后，你也就明白这种勉强和忍耐，对自己来说有怎样的意义。

那么，你就能做出正确的判断，是继续这样下去，还是应该减缓速度？

通过拥有一个人的内省时间，你能让自己的感受更加敏锐。这样一来，对于发生在自己身上的事情，以及自己发生的状况，都能很坦诚地做出反应，知道什么样是好的，什么样是有问题的。

独处时间是拿回自己主导权的重要时间。

05

停止
~~埋怨他人~~

❌ **不能停止的人**
　　总是依赖他人，牢骚满腹

✅ **能停止的人**
　　行动自如，能集中精力做该做的事

孤
独
力

◉ 不害怕孤独后，行动的范围变广了

能享受孤独的人是自立自律的人。这里所说的自立是指经济能力，自律是指精神上的自律。能获得高次元的自立和自律，那就能离"自由"更近一步。

可是，如果跟他人在一起，有时这个自由就会受到限制。

比如团体旅行，虽然一方面可以体会到团体行动带来的快乐，但另一方面，不得不尊重团队的意志做决定，会受到更多约束，有可能去不了自己想去的地方。

购物也是同理，一方面可以享受跟朋友一起，朋友给自己出各种建议的快乐，另一方面你不得不去朋友想去的店，不是吗？即便自己有想去看一眼的店铺，朋友如果说累了想休息，你也不得不一起休息。

或者相反，**想做什么，想去什么地方时，如果没有人一起就无法行动，那你的人生格局就会迅速变小。**

比如，你邀请朋友去海外旅行，如果朋友不去，你就觉得自己也去不了。你想去新开的餐馆，可是，一个人的话就去不了。虽然有自己想做的事情，但是没有他人一起，你就做不了。

这样一来，人生的机会就会迅速递减。

可是，如果不在意孤独的话，你一个人去也能很享受。

这并不是说总是选择一个人待着，团体行动也有团体的好处，自己也能去的话，就能自由选择自己的行动。

这样人生的选项就增多了，选项增多了之后自由就增多了。

● 所谓自由就是自我责任，
所谓自我责任就是自由

越能一个人行动，就越能不受他人干扰和制约，所有事

情都自己决定。能够不受他人影响，通过自己的思考和判断自由行动，这样的状态不就叫自由吗？

要想获得这样的自由前提条件是自我责任意识。

日本社会中，主流舆论都认为"一切按照自我责任论来处理是不对的"。

可是，**如果发生在自己身上的事情不是自我责任的话，那究竟应该是谁的责任呢？谁会来负这个责任呢？**

即便把责任推给他人，大多数情况下也无法解决问题，为什么还有那么多人不从自我责任上找原因呢？

比如，未缴纳餐饮费而引发的舆论和关注中，出现了餐饮费无偿化的意见；助学贷款还款困难的人越来越多，引发了"助学贷款就是学生高利贷"这样谴责的声音，以及让国家无偿给予助学贷款的声音；针对 IR 法案（包含赌场的综合度假区建设法案）审议，出现了"如果沉迷于赌博的人增多了该怎么办"的声音。

然而，父母是在知道学校要交餐饮费的前提下，让孩子去学校读书的，对吧？如果不想交餐饮费，那一开始就让孩子去不需要交餐饮费的学校不就好了吗？

助学金也是如此，是你自己选择了收入无法返还贷款的职业，并不是被谁逼迫而做出的选择。也许可以有"没找到工作"这样的理由，可是，同一个学校、同一个专业的同年级学生，肯定有找到工作了的。那这种差异又是从何而来呢？

这其中肯定有原由，比如自我分析还模糊不清就盲目地参加了工作，或在学生时代偷了懒，没有充分锻炼自己。可是，选择了这种学生生活的人，不是别人，而是你自己。

沉迷赌博也是同理，面对赌桌打开钱包的人是你，并没他人逼你。

换句话说，一切本来都应该是你个人的责任。

可是，日本媒体或社会舆论绝对不会对个人说出"你得再加把力""多动脑子"这样的话。这是因为当下的立场更容易被大众所接受。

贫困或贫富差距的问题也同理，如果渲染"个人必须更加努力"的言论，恐怕要惹怒很大一波人。

因此，就想方设法把责任转嫁给他人，于是就出现了还不起助学贷款是借款方的问题、助学贷款这个名称很蛊惑人、

餐饮费应该无偿化、贫困和贫富差距大是社会构造有问题等声音，把责任的源头不指向个人，而是指向外部。

那么，如果没有他人可以转嫁呢？如果知道不能依靠他人了呢？无论如何愤怒或反抗都无济于事呢？那是不是就只能束手就擒坐以待毙？

吃饱喝足了却不交餐饮费，使用了助学金却不返还，就连个人就业状况及个人倒霉事，**都不认作"个人责任"，而是转嫁他人、社会或者制度等东西，总是觉得必须得依靠谁才能活下去，这样就永远都是弱者。**

◉ 接受"一切都是个人责任"并开始行动

要想脱离弱者的角色，获得自由与成功，就要意识到"一切都是个人责任"并开始行动。

是否继续学习是个人责任，是否能就业是个人责任，收入多少是个人责任，是否被公司开除是个人责任，是否成功当然也是个人责任。

　　如果能这样想，那么你就能思考自己能做的事情，预测未来，面对各种各样的风险自己做好准备。

　　比如，面对自己的技能和就业问题时，可以考虑到"将来有可能出现这样的状况，现在开始我要做好准备"。

　　或做出以下这些判断，"价钱便宜的餐馆肯定有其便宜的理由，可能带来健康上的隐患，因此还是节制一点好""急急忙忙去赶车，很容易摔伤，还是不要这样做"。这些判断不单在工作和金钱方面帮你规避风险，**连人生的风险也能帮你规避到最小化，**不是吗？

06

停止
~~虚荣~~

✗ 不能停止的人
在理想和现实之间的差距中感到痛苦

✔ 能停止的人
能填补理想与现实间的差距

孤
独
力

● 不敷衍自己的心声

害怕孤独的人总是以"周围人怎么想"作为自己理想的出发点。

想成为企业老总，想成为艺人，想成为有钱人等，他们认为成为让周围人羡慕的厉害人物才有价值。

即便没达到这个程度，那些因为想成为"闪闪发光的自己"而不断挣扎的人们，他们其中不少都很厌恶那个没能让周围人认同的自己。他们就像这样，总优先考虑他人的眼光，敷衍自己真实的面貌和心声，于是感到心累。

我自己也有过同样的心境，希望自己看起来很有能力，不被别人当成傻瓜，于是装作自己很有实力的样子。

可是，**过度地自我展示给我带来疲惫，导致自我厌恶，**

因为总担心自己的真实能力被人发现，让他人失望，于是陷入不安与重压之中。

可是，现在的我把一切都放开了，不会特意隐瞒实情，不会虚荣，自己是什么样的人，就原封不动地展现出来。

因为总是坦诚地说出自己的心声，所以不会出现事后发生矛盾的情况，也不会因此让自己痛苦。 可以不顾他人的眼光，遵循自己的心声来行动，从此每天都感觉活得"清爽自在"。

● 不需要"谎言、隐瞒、虚荣"

在穿衣方面，我也遵从自己的心声，平日里的衣服怎么舒服就怎么穿。因此，平日里我基本上全身上下都是优衣库的衣服，或者牛仔服，从上到下总金额大概就 5000 日元[1]左右。而且，因为每天总是同样的打扮，大家都说我怎么老是

---

[1] 5000 日元，约合人民币 350 元。

一样，我就告诉他们这样穿最舒服。

当别人说我有点毒舌时，我会回答"文章毒舌一点更能深入人心"；当别人说我"你说的话怎么前后矛盾"时，我会回答"我也这样觉得"；当别人说我"你这种想法是不是太自我为中心了？"我会回答"是的，我就是以自我为中心"。**我总是这样直截了当地说出自己的心声，并没有因此出现过什么让我烦恼的事情。**

另外，我对名誉和头衔等也不感兴趣，因此虽然自己从事了各种各样的行业，但当被别人问到自己做什么工作时，因为嫌麻烦，我会半开玩笑地回答，我是"自由职业者""自家警卫员""一级宅男""董事长"等。

对于上电视我也不感兴趣，于是通通都拒绝。因为上电视后可能会失去自由，上电视后把自己展露在不认识的人面前，可能被各种指指点点，生活起来可能会很辛苦。

就连现在，被孩子幼儿园里的工作人员或妻子的那些妈妈朋友们，搜索到自己的名字，发现"原来这里有这样的人"，我都会感觉很麻烦。

享受孤独的能力为你带来勇气，让你不惧他人的眼光，

把当下的自己置于主角的位置开展行动。

因此，不需要谎言和掩饰，也不需要虚荣，就过得坦然自在。由此，让我感受到生活是如此的美好。

不因为他人的眼光而强装成理想的自己，把真实的自己隐藏起来，而是一边展示真实的自己，一边朝让自己感觉到幸福的理想方向修正。

拥有了不敷衍自己内心的生活方式后，就不再需要谎言和虚荣。

◉ 有点"钝感力"刚刚好

我认为，在闭塞感强的现代日本，能感觉到幸福的都是承受力强大的人。能达到这种状态也与提升孤独力相通。

承受力强的人无论他人怎么想都无所谓。自己穿着乱七八糟的衣服，住在怎样破破烂烂的家里，他们都不在意。被公司的上司打压也没事，工资减少了，被公司炒鱿鱼了，他们也还是能当成小事一桩。

对于普通人感到困扰和烦恼的事情，他们能以平常心对待。普通人感到羞耻的事情，他们并不会往心里去，即使挑战失败，他们也不会感到心痛，他们是一群钝感力超强的家伙。

无论环境和状况发生怎样的变化，他们都不会感到压力；无论发生怎样的事情，他们也纹丝不动，这样的人可以称为无所不能的最强者了吧。

因此，我自己也为了能达到这样的境地，平日里不断锻炼自己的精神。锻炼的方法有两种。一种是，改变对事情的解读方法。比如，**普通人感到有 10 分痛苦的事情，你想想怎样解读才能让自己只感到 1 分的痛苦**。这种在自己心中改变意义的方法，我在后面会详细介绍。

另外一种方法是，让自己放宽心，"即便被当作傻瓜也没有关系"。这样一来，就不会被无用的自尊心所束缚了。

● 所有一切都是为了拥有更快乐的人生

如果问我现在的人生目的是什么，我想我会说，不是为

了让他人觉得我很优秀，或成为让人羡慕的有钱人，我的人生目的是为了更自由。然后，做着自己喜欢的事情，让自己快乐的事情，愉快地度过这一生。

这样想来，被人认为是傻瓜反而更好，这样他人不会防备我们，也不会有目的不纯的人故意接近。**干脆地承认自己是傻瓜后，也不用过度地在意他人的眼光，成了傻瓜后反而能毫无畏惧地参与挑战。**

而且，**成为傻瓜后，知识量也会增加。**

明明根本没人说，但自己心里还是不由得担心被人认为是傻瓜。"说出这样的话，如果被他人认为是傻瓜怎么办？"但当你承认自己是傻瓜后，就没有必要再在意这件事情了。

这样当你有了不懂的问题，你就会以搞懂为目的，不会装作懂了的样子，而会大大方方地询问。你的知识自然地也会不断增加。当你有礼貌地提出问题，只要对方是成熟的大人，肯定不会把你当傻瓜，而是会以礼相待地回答你的问题。

孤独力

THE POWER OF LONELINESS

第 2 章

人际关系

07

停止
~~在意朋友的数量~~

- ✕ **不能停止的人**
  绞尽脑汁，把自己逼得走投无路

- ✓ **能停止的人**
  能交到真正需要的朋友

孤
独
力

◎ "如果被人讨厌的话，就会活不下去。"
这是真的吗？

对孤独持消极态度的人，他们会极其害怕被他人讨厌。

他们对"一个人会活不下去""人是群体性动物"这样的观念深信不疑，于是他们非常珍惜朋友。

当然，我并不是说这样不好，我也认为朋友确实是重要的存在。但是，为此扭曲了自我，活得小心翼翼，如履薄冰，久而久之很容易把自己逼入绝境。

那些持有"孤独必须要回避""不能被他人讨厌"的观念，因人际关系而深感疲惫的人，**可以具体思考一下，如果你被人讨厌或者被群体排挤了，就真的会活不下去吗？**

话说回来，只要你不是极度喜欢向周围散发负能量的人，你是不会被所有人都讨厌的。你环顾自己的职场或家长群，你会发现一些你既不讨厌也不喜欢，并不抱有特别评价的人。

也就是说，只要自己不特意去攻击他人，即便得不到他人的喜爱，也不会遭到他人讨厌。

因此，**首先要坚守原则，"不要恶作剧式地否定、批判、非议他人"。**这并不是让你见了装作没见，或去迎合他人，而是尊重他人的意见，"我的观点虽然跟你的不一样，但是我也能允许你的观点存在"。

有了这样的态度，剩下就只需要自然地做自己就好了。

● 不能说真心话的人不叫朋友

有很多人都害怕，当自己做自己，说出真心话，很容易被人认为是不体谅的人，或者被认为是难以交往的人，由此遭到他人的排挤。

可是，当你表现出真实的自己时，那些讨厌你的人，真的可以称作你的朋友吗？跟这样的人在一起，对你而言到底有什么意义呢？

你接受真实的对方，对方也接受真实的你，这才是真正的朋友关系。

跟这样的朋友在一起时，你才能感觉到身心舒畅，就算彼此沉默也不会感觉尴尬，也能感到充盈。彼此之间无需自我掩饰，无需忍耐，无需虚荣显摆，自然且真实地交往。

因此，**请珍惜这样的人，而对于不是这样的人，减少用在他们身上的时间，把时间分给重要的人。**人生看上去很长，实则很短。没有时间浪费在无所谓的人身上。

● 不需要"碰到万一的情况时，能商量问题的朋友"

可能有些人会认为，碰到万一的情况时，能商量问题的朋友越多越好。可是，**这个"万一"是指什么时候？**而且又有多少人能有能力应对这样的场面呢？

比如，年轻时遇到恋爱不顺，我会找女性朋友商量，让

她们帮助我出主意。现在想来，那时候与其说是找她们商量，不如说只是单纯地想倾诉而已。

究其原因，其实是因为自己无法处理自己的情绪，想通过他人的倾听来得到同情，得到安慰而已。

可是，当你有了孤独力后，在内心中就有了能跟自己对话的另一个自己，能够接纳自己的情绪，自己就能处理自己的问题，这样一来就不需要倾诉对象了。

而且，当人成年之后，基本上没有必须得通过跟父母和朋友商量后，才能解决的问题了。不仅如此，更多的情况下，对于大部分的问题，朋友和熟人都无法帮上忙。

这是因为成年人的"万一""困难"的情况，更多都应该去付费请专业人士支招。

例如，大病小病找医生，法律纠纷找律师，税收问题该找税收方面的专家，等等。

如果找没专业知识和经验的朋友商量，反而有做出错误判断的风险。

另外，想要跳槽就找专业的职业介绍所；有育儿烦恼就找当地育儿机构。在这些地方你才能得到各种有益的信息。

恋爱和夫妻关系也一样，找专业的咨询师商量，更可能得到准确客观的建议。

当然，当你不知道该找谁商量时，认识的人越多越能得到更多介绍，这方面还是有益的，可是，当下这个时代，你只要上网搜索，就能找到很多专业人士，**"万一的情况下能出主意的朋友"并非必不可缺。**

● 朋友，只是让人生更丰富的一个要素而已

有些人主张："只要有了丰富的人际网络，人就能相互帮助，从而生存下去。"确实有这一面的好处，可是，我觉得也有反面。

比如，在露营或烤肉等活动中，大家聚在一块儿玩耍，当然更加开心。可是，总不能天天都烤肉和露营吧。

跟朋友去听演唱会或看表演时，大家一起的确很开心，但一个人在房间里静静地浸泡在喜欢的音乐里，也是一段充实的时光。

即便朋友多，如果没有金钱和时间，那选择娱乐的范围也会变得狭窄。像电影和电视剧里那种，没钱了或遇到困难时住到朋友家里，或者向朋友借钱，让朋友请客吃饭等场景，学生时代可能还行得通，现实生活中成年人能做到吗？

虽然人各有志，但对我来说，**朋友的存在只是让自己人生更丰富的一个要素而已。**不能只通过这一个要素来测量是否生活得幸福。

即便没有朋友，有些人看着自己喜欢的动画，玩着自己喜欢的游戏也能感觉到时间的充实，甚至有人失去了这些会感觉比失去了亲人还悲伤。比起跟朋友喝酒，有人觉得签名会更重要。一个人制作模型，一个人钓鱼，一个人回家打开啤酒的瞬间，才幸福至极。

也就是说，如果你现在因为人际关系疲惫不堪，烦恼不已，**那就应该把大众眼中"朋友很重要"的这个压力放一边。**然后，坦诚地问自己："哪些重要的东西能让自己的人生变得更丰富？""让自己感到无限幸福的瞬间是什么时候？""为了能感到幸福你需要哪些人？"

顺便说一下我自己，除了脸书等社交工具联系上的发小、同学、以往职场的同事等外，我平日里并没有所谓的朋友。

可是，我并不感觉孤独，是因为拥有客户等这些工作上的同伴存在。

工作是我喜欢的事情，工作上的伙伴的存在，让我感到生活充实。

● 朝着目标前进的人身边，
会有同伴和支持者聚拢来

抱歉，我举一个漫画中的例子。比如，在漫画《海贼王》中，路飞和乌索普曾经反目，索隆和山治还经常争吵。他们之间不是朋友，而是伙伴，还是竞争对手。

或者在《火影忍者》中，对于主人公鸣人来说，周围的伙伴都是为了保卫村子一同战斗的战友。佐助还是竞争对手。

而且，鸣人倾诉烦恼的对象是伊鲁卡老师或卡卡西老师，再或者是自来也老师，而不是朋友。

并不是因此就证明了我的观点，但我想说，**对于成年人**

来说，比起朋友，更重要的是可以相互切磋的同伴、战友、竞争对手。然后，在朝着目标前进的人周围，这些人会自动聚拢来。

现实中，比如企业家最初一个人创建公司，也通过提出"想以此来改变世界"的志向和行动，才吸引了有相同理念的客户与创业伙伴。

换句话说，就是没必要强行交朋友，有了自己的志向和目标，朝着这个方向行动，同伴们自然会聚集到你身旁，你不会感到寂寞。

相反，如果你感到孤独，可能是因为没有志向和目标，行动量也不足所导致的。

因此，要想驱散孤独感，你需要设定目标，秉持自己的意志力，开展行动。

○ 有孤独力的人不会感到真正的孤独

从本质上说，一看到孤军奋战的人，人就会本能性地感受到刺激，受到感动，想要提供支援。

比如，电影和漫画中，我想这样的场景你肯定看见过，当所有人都感到恐惧，在一旁观望时，主人公一个人站起来对抗敌人，大家就会受到主人公的感染，一起战斗，相互帮助。

另一方面，那些藏在草丛里瑟瑟发抖的人，大家并不会给他提供帮助和支援。自己不努力的人，周围的人也不会给予他帮助。

因此，当你得不到他人帮助，得不到他人理解的时候，不要抱怨，或者发脾气，而是要贯彻"即便是自己一个人也能做成事情"的姿态。正是这种姿态产生了吸引人的磁场。

08

停止
~~勉强相处~~

❌ **不能停止的人**
　　浪费宝贵的时间和金钱

✔ **能停止的人**
　　有目的、有计划地行动

孤
独
力

● 成年人之间的交往有点心机刚刚好

当你成为不害怕孤独的人后，就没有了"不想一个人待着""有人陪总比一个人更好"的动机，因此也不再需要勉强维持自己不喜欢的人际关系。

只与能让自己人生更加丰富的人交往，而不与给自己带来伤害的人交往，就成了你自然而然会做出的选择。**不会为人际关系所妥协，只留下那些更好的人，你将拥有更幸福的人生。**

这并不是说你一定要切断关系，而是说你要保持距离；不是说从此绝缘，而是说你不去主动联系。即便受到邀请，你也找个借口，委婉谢绝。这样一来，那些人自然而然就会被你淘汰掉。

然后，对你而言，重要的是你要创造一个人的时间，让

自己进化成能为他人提供价值的人。能提供价值的人，周围人是不会把他放置不管的。

即便自己不主动接触，对方也会来接触你。你不觉得这样会轻松很多吗？

而且，当你感到自己在因为害怕孤独而勉强相处，或者人际关系让你感到痛苦时，**你可以干脆先做一番打算。**

所谓打算，就是看是否对自己有利。当然，这样一来，你交往的人或许都是一些有利益打算的人。可是，这种人际关系反而来得更干脆爽快。

比如，在职场，公司追求的并不是员工一团和气，而是要员工在工作上出成果。出了成果就能获得公司的肯定，自己的位子也得以保全。因此，即便工作一结束你就立刻回家，被邀请去参加酒会，你不去也没关系。

比如，妈妈会，作为交换孩子和学校信息的场所来说，确实有它有利的一面。不过，必要的信息可以直接向学校咨询或询问孩子。如果有育儿烦恼，咨询专业人士才更为明智。因此，回绝其他妈妈们的茶会邀请，跟孩子一起迅速回家也没关系。

● "没有交心的人"会感到寂寞吗?

你觉得没有交心的人会寂寞吗?其实,这并不是一件寂寞的事情。因为本来就没必要跟他人交心。

所谓可以交心的人,就是指什么都可以聊,能进行轻松对话的人吧。

可是,孤独力提高后,根本不会在乎他人怎么看,因此对谁都可以轻松说出自己的心声。(当然,并不是说把不需要说的事全盘托出。)

另外,因为烦恼和压力都可以自己消化了,所以也感觉没必要找他人商量。也就是说,这个时候,你已经超越了是否需要交心的次元。

● 更加以自我为中心、以目的为中心去生活

有些人如果收到聚会或婚礼的邀请,会觉得无法拒绝。

这时候,也应该优先考虑自己想怎么样,自己想达到什

么样的目标。

如果只是简单的点头之交，**那只需要给自己想赏脸的人打声招呼就好**，并没有必要去勉强交换名片。

而且，还可以告知对方自己接下来的安排，以求提前离开现场。在聚会这样的场景中，大家最优先的目标都是享受现场的快乐，提前离场的人并不会成为大家的话题。

婚礼后的酒宴上，你也只需尽到礼节上的义务就好。即便周围没有任何熟悉的人，你也不需要勉强自己跟大家搞好关系。即便没有一个可以说话的人，你一个呆呆地站着，也可以只是静静微笑着眺望两位主角和热闹的现场。

当然，正是因为人际关系不能简单地切断，所以人们才会感到迟疑。那些不能拒绝的人，不妨试着画一下自己的**人生年表**。

你可以试着画一个轨迹图，看看自己工作和生活的轨迹，从出生那年到去世，就算有九十多年的时间，小学、初中、高中、大学、就业、结婚生子、公司调动或升迁、买房等。

如果你现在是一个三十岁的人，那你可以清楚地看见自己的人生已经过了三分之一，回想目前为止的人生是怎样如白驹过隙般消失的，你就会明白剩下的人生也会怎样飞逝。

那么，当你思考接下来的人生该如何度过，怎样才能拥有无悔的人生时，你就知道欺骗自己或跟无所谓的人说些无所谓的话，这些都是在浪费自己的人生。

● 不要勉强跟合不来的人交往

我想，很少人会觉得朋友不重要，或觉得不需要朋友吧。可是，我再次强调，朋友的存在只是让人生更丰富的一个要素而已。**如果有在一起非常开心的朋友当然好，即便没有，那也很好。**并没必要跟你感觉不合的人勉强维持朋友的关系。

完形心理学疗法[1]的创始人弗雷德里克·皮尔斯在《格式塔的祈祷诗歌》中有一段著名的话：

---

[1] 完形心理学疗法：一种固定流程的心理治疗方式，需要治疗师的洞察力和创造力。其目标是促使个体的成长。帮助其增强觉察能力和接触能力，通过觉察了解环境，了解自我，接纳自我，达到人格完整。

我为我而活，你为你而活。

我活在这个世界上，不是为了满足你的期待。

你活在这个世界上，也不是为了满足我的期待。

你是你，我是我。

如果我们能偶然相遇，那是件非常美好的事，

但如果我们没能相遇，那也是没有办法的事。

09

停止
~~隐藏自己的弱点~~

⊗ 不能停止的人

无法被周围的人了解，容易疲惫

✓ 能停止的人

能与认可自己弱点的人相遇

孤
独
力

　　害怕孤独的人会回避暴露自己的弱点。他们觉得，如果被周围人知道了自己的弱点，会被他人看轻；如果自己的实力被看穿，会让他人失望；因为他们担心周围人对自己厌倦后会离自己而去。

　　同样的原因，他们也害怕失败。他们固执地认为失败是一件不好的事。他们不想因此被认为是一个无用的人。因为他们害怕失败，所以在挑战面前踌躇不定。因此陷入出不了成果的恶性循环，最终一事无成。

　　可是，不怕孤独的人并不会害怕暴露自己的弱点。即便人们因此离他们而去，他们也觉得这在所难免。**这样的人连自己的弱点也是肯定的。**

　　这并不代表他们选择了放弃或维持现状的逃避态度，而是他们认可了自己的弱点。"确实这也许是自己的弱点，但这也是自己的一部分。"

即便他们因此被人看轻，他们也只会觉得这是人之常情，并不会在意。

另外，能享受孤独的人，他们并不会勉强自己跟无所谓的人来往。自己周围**不需要那些把别人弱点当笑话的人**，于是他们会把那种人从自己生活中踢出去。

因此，他们也不害怕失败。所谓失败，就是自我学习的养料，他们并不会觉得羞耻，因为他人怎么看与自己无关。他们能勇于展现包括自己失败的那部分。

● 展露自我后，随时都能保持轻松的心境

此外，不敢暴露弱点的人，他们的心会被一点点消磨。

比如，不是有钱人却乔装成有钱人；并不是很优秀，却装作很优秀；并不年轻了，却极力掩饰自己的衰老；或者本来是自我为中心的人，却装作很有爱的样子。

简历造假就是一个典型，因为不想被认为是傻瓜，想要

得到别人的认可，因此就编造出一流的经历。可是，因为这个是假的，为了不被发现，就需要编出各种各样的故事和理由来。为了掩盖谎言，不得不编出更多谎言。害怕被发现的不安感会挥之不去。究竟需要持续这样的状态几年、几十年呢？这样一来，当然会感觉疲惫不堪。

可是，敢于展露自己的人，他们的心总处于一种轻松的状态。不需要隐瞒事情的状态，是因为心中没有疙瘩。

他们不需要迎合别人的逻辑，也没有这方面的精神负担，因此任何时候都能以真实面目去生活。**不需要对任何人隐藏自己本性的状态，真的是让人神清气爽。**

◉ 弱点反而会成为产生共鸣的基石

那么，怎样才能拥有这样强大的内心呢？其中一种方法，就是具体地思考：**"当自己的弱点暴露后，到底会发生什么让自己头疼的事情？"**

比如我自己，曾经公开跟大家说过："自己有三重痛苦，性格阴暗、腼腆害羞、畏首畏尾"，听后周围人的反应只不过是："啊，是吗？怎么没看出来呢？"并没有发生任何可怕的事情。

我在发送投资和商业的相关信息时，关于自己失败的经历，我也全部对外公开。我会按照自己的方式分析，自己为什么失败，因此大家要在哪些地方特别小心。

刚开始时，我还以为会有人说我活该，或说我没用。可是，结果却正好相反，更多的意见说："一直以为你是一帆风顺的优秀人物，没想到你也会失败，对你产生了好感。"

从这样的经验中，我认识到，**自己的弱点能成为激发顾客和读者共鸣的财富。**

而且，**当你选择肯定自己的缺点和弱点，而不是掩饰它们时，你内心的自卑感就越少，反而会激发出一种强烈的确信，演变为对自己的信赖感**，达到这样的心境："虽然我是这种人，不，正是因为我是这种人，我才喜欢我自己。"

我相信很多人都有过这样的体会，比如当我们看到总是完美无缺的人出错时，反而会意外地对对方产生好感。喜剧

艺人们也是通过巧妙地展现自己的弱点来获取观众笑声的。

展露自己的弱点并不是羞耻的事情，反而会变成你的魅力。

● 给那些"讨厌自己的人"的问题

据说，讨厌自己性格的人不在少数。可是，这些人中大部分人都只是讨厌，却几乎没有指导行动的策略。

如果想要改变，就应该思考改变的方法，可是他们却并没有思考。

那么，我想问这些人以下的问题：

- 你具体讨厌自己什么地方？

- 为什么讨厌？

- 这个缺点为你带来了哪些困扰？

- 那你觉得怎样的性格才是理想的性格？

- 变成那种性格后，就能生活得更像自己吗？

- 那么具体怎样做才能变成你理想中的性格？

当用这些问题问自己时，你会发现，他们几乎都带着略微的不满，但是却无法给出明确的答案。

也就是说，他们只是从自己周围的朋友、熟人或知名人物中，感觉自己很羡慕某种性格，这样的思维与那些说着"我想变成假面超人""我想变成魔法少女"的思维如出一辙。

如果真的深受困扰，感到事情的严重性，应该早就朝改善的方向行动起来了。

比如，我的妻子在运营一家声音训练机构。其中就有些学员是因为讨厌自己的声音来参加训练的，他们支付的学费绝对不少，都是为了改善自己的声音在努力。也就是说，真的讨厌的话，为了改变什么都愿意做。

因此，如果你讨厌自己的性格，却没有行动，那就试着问问你自己吧，"是真的讨厌自己的性格吗？这个性格总是给你带来坏处吗？"

实际上，**你并不是真的讨厌，而是身边认可自己个性的人很少，只是看着跟自己不同性格的人，感觉到羡慕而已。**也就是说，你真正想要的，是能看到自己，能认可自己，能

理解和接受自己的人，可是这样的认可需求却没有得到满足，于是引发了讨厌自己的反向作用。

● 下决心改变交友关系

我想你之所以讨厌自己，其中一个原因可能是交友关系的错位。

一个团体中，有各种各样的人，他们担当着不同的角色，顺利融合才构成了关系融洽的团队。当然，最好的关系是即便彼此是不同的人，依然能尊重彼此的个性。

可是，如果你在一个团体中，却总无法避免"讨厌自己性格"的想法，**那你可以反思一下，自己是否正在跟一群无法接纳你个性的人打交道。**

如果答案是肯定的，那就干脆地改变交友关系。

如果学校和职场中的关系不好改变，那就在维持现状的基础上，在兴趣和娱乐等其他领域中寻找新的交友关系。你一定能与认可你的人相遇的。

10

停止
~~隐藏真心~~

❌ **不能停止的人**
　　即使在人群中也会感到寂寞

✔ **能停止的人**
　　能够认可自己与他人

孤独力

◎ 为什么你在人群中依旧感到寂寞？

孤独感强的人，即便在人群里有时候也会感觉孤独。

这是因为他们隐藏了自己的真实声音。

没习惯用真实声音与人交往，不知道怎么保持距离，也不知道吵架后修复关系的方法。因为对自己没有自信，因此总害怕得罪他人，害怕被人伤害。于是，越来越不能发出自己真实的声音。

如果不发出自己的真实声音，会让对方感觉到心理上的距离。对方会觉得"这个人好像不太想说自己的事情""啊，还是不要太接近这个人比较好"。换句话说，对方也不会用真心来与我们交往。

人就是镜子。用粗暴的言语对待对方，也会有粗暴的

言语返回来。用微笑和温柔的语言，对方也会报以微笑和友善。

因此，人群中让人感觉有距离的人，其实是在无意识之间，自己将周围的人疏远了，把自己封闭了起来。

● 自我展示是好意和信赖的证明

害怕孤独的人总有种不满，叫作"周围的人都不理解我"。可是，其实是他们没有去理解其他人。

即便自己没这样的打算，但是不展示自己，其实就是在说："我对理解周围的人没兴趣"，因为他脑袋里只想着他人会怎么评价自己。

因此，不要老想着"如果我这么说，别人会这么想，所以我不说"，而是首先阐明自己的心声，仔细观察对方的反应，然后，在下一次调整自己的言行。

压抑自己其实就是隐藏自己，这会带给人一种感觉：你

对他人持有怀疑、敌对心、不信任或者不关心。

相反，自我展示是证明对他人有好感和信赖的证明。销售人员中那些常说"实际上，我老实跟你说……"或给客户说明缺点的人，有着更让人信赖的印象。对于那些向你倾诉烦恼的人，你是不是有时候也感觉是因为他们信任你才会这样做的呢？

因此，即便最初进展不顺利，也要发出真实的声音与人交往。当然，即便是真实的声音，也有慎重地遣词造句的必要。

当发现对方出现令你不满的行为，不要使用这样的说话方式："你为什么做这种事情！"而是说："你这样做让我很伤心，下次换成另一种方式的话我会很高兴。"与其说"我认为你是错误的"，不如说"我明白你的意见，但是我是这么想的……"也就是说，尊重对方的意见和观点。与其说"我不喜欢这个"，不如说"我想怎么样"，以此表达自己真实的情感。

◉ 理解了自己也就能理解他人

当你能冷静观察自己的内心动态后，对他人的感觉也能变得更敏感，自然也就能理解对方言行的背景与意图。**越能够理解自己这一个体，你也就越能够理解他人。** 自我理解对理解他人有着促进作用。

比如，当你觉得"今天被那个人无视了，我好生气"的时候：

"他这个人一直很开朗的，今天怎么了？"

"我是不是说了什么不妥的话？""不，没有那回事。"

"在什么情况下，自己容易无视他人？"

"太忙了，没有余力顾及到吧。""在考虑事情，没有发现我吧。"

"明天微笑着去与他接触吧。""试着换个别的话题吧。"

"如果还是不行，也许对方有想对我说的事情。""到时候再问他怎么回事就好了。"

像这样，把主人公换作自己，如果是自己的话会怎么想，如果是自己的话会怎么行动，就像有另一个人在观察自己，

对照自己的情感，检查自己的想法是否正确。

当你理解了自己的情绪，也就能理解他人的无奈与难处。

这并不意味着进行负面的"过度思考"，而是为了给自己的下一次行动做指导。

另外，害怕孤独的人，因为没心思观察自己的情感波动，因此他们总习惯于只专注在消化自己的痛苦上。

没功夫去观察他人的内心波澜，也无法理解对方言行背后的动机。因此，他们的抱怨只会不断增加。

人越这样做，就越容易有以自我为中心的想法，总想："为什么不能理解我？""为什么我总是遇到这种事情？""反正我就是……""不过……"

可是，如果能养成孤独中自省的习惯，那么即使出现不顺心的事情或结果，也能接受自己内心的痛苦和悲伤，静静忍耐，找出其中的意义，能自己消化掉痛苦和悲伤。

然后，当观察内心波动和处理情感的能力提高后，即便对方什么都不说，你也能够体察到对方的劳苦和悲伤。

每个人都有各自的苦衷，大家都有各自的情况，并不只有你一个人特别不幸。了解了这一点，你也就不会被绝望感

环绕了。

了解了自己情感的波动，在同样状况中你也能想象他人的感受。也就是说，**能体谅他人的人，也是能够体谅自我感受的人。**

● 认可他人是让自己受认可的原点

希望自己得到他人认可，这是一种非常自然的情感，任何人都会有寻求认可的欲望。

因此，对于那些认真倾听我们说话，并给予肯定的人，我们会感到对方的认可，由此敞开心扉，给予信赖，抱有好感。

相反，当我们依存于对方，"希望对方为我做这个""那个人应该怎样对我"，那么当我们得到与期待相反的反应时，我们就会变得急躁不安。

同理，那些感觉到"谁都不爱我""谁都不在意我"的人，其实是他本人谁也不爱，谁也没在意。

想要得到他人的爱，可是自己却不给予爱，这样的态度无论如何都是一种任性，只是他们自己没有意识到而已。

因此，想要得到他人的认可，首先要认可对方，爱对方，珍惜对方。

认真听对方说话，想象对方想要怎样的反应和回复。这并不是要我们迎合他人或压抑自己，而是我们要有一种共情和陪伴的心态。

如果有了这样的心态，那你就不会有孤独之类的情感了。能自己伸手去帮助他人的人，能够有这种心胸的人，即便一个人待着，也总感觉自己与谁都紧紧相连。

11

停止
~~害怕被人讨厌~~

❌ **不能停止的人**

接触的人物类型贫乏，在人际关系上受累

✅ **能停止的人**

能够迅速了解对方并找到合适的交际方法

孤
独
力

◉ 通过"脸谱化"的人物类型，
调整自己的言行

我们很多的烦恼与压力，都来自我们所处的人际关系中，**因此如何解读他人，极大地影响着我们自身的幸福。**

对于那些我们不理解的人，我们容易产生违和感，与这类人接触的时候，我们会感到不安。

这时，**你就需要在心中找到某个固定框架，把他人往这个框架中套，"啊，这个人原来是这种性格"。**通过这样套框架，我们能减少出现"不理解的人"这样的状况，从而获得安心感。

在犯罪搜查现场，经常会用到"**脸谱化**"这样的手法。

比如说，他们会采取"犯这种罪行的人，通常是这种人物，具有这样的心理状态""这种性格的人，具有犯这种罪行的倾向"等预测方法，通过套入大量储备的犯罪及犯罪人物类型，来帮助确定嫌疑人或者预防犯罪。

这种脸谱化的手法，其实我们日常生活中也在无意识地使用。比如，有些人总是突然说些莫名其妙的话，我们最后会接受"那个人就是那样的人"的事实。

或者，我们会通过推测那人的性格，得知其喜恶，进而为避免对自己不利，或者让自己获利，来调整自己的言语和行动。

也就是说，我们有越多解释他人的指标与框架，我们就越能理解他人。这样一来，我们就能更顺畅调整和适应与他人的关系，从而在精神上感到安定。

● 害怕孤独的人没有"脸谱化"他人

可是，大部分害怕孤独的人，他们由于缺少这样的指标和框架，无法与跟自己有差异的各色人群打交道，常常为人

际关系而烦恼。

究其原因，是因为他们的关注点并没放在理解他人上，满脑子更多想的是周围人会怎么看自己。

大部分人都会根据对方的性格，选择对应方式，并一边观察对方的反应，一边调整自己的言行。

然而，**害怕孤独的人，把自己不被讨厌放在优先考虑的位置上，根本没有空余来考虑他人。**

由于手中的人物模板储备匮乏，只有一点儿大致的区别，理解他人时，只好勉强地硬套在他人身上。

然而，人会有各种侧面，这样的做法免不了变成简单粗暴、非黑即白的两分法。所以，**他们很容易过分片面地判断他人。**

这样一来，他们就无法多方面多角度理解他人，"啊，这个人跟我，虽然在这一点上不同，但是这里却是相同的。"他们只会通过单纯的喜恶去判断他人。

然而，没有人是完美的，无论是谁都会出现令自己不满的言行。如果**只凭自己的喜恶来评断人，断绝与人的交往，那他的世界将会变得越来越窄。**

当然，在断绝的同时，如果也在建立新的人际关系，那就不会出现越来越窄的情况，但与新的人建立信赖关系要花时间和精力。所以，有些人会因为丢弃的速度赶不上建立的速度，渐渐失去了能真心交往的人。

● 反观自己的行为，想象对方的心理

感觉"与人交往有障碍"的人，可以回顾自己每天的经历，反思"为什么那个人说了那种话""为什么那个人会那样做"，看自己的言行是怎样传递给对方的，为什么会这样，想象对方有怎样的价值观才产生了这样的反应。

一直做这样的练习，就会发现自己和他人言行的动机与理由。

然后，**有了装载各种人物特征和行为模式的数据库，我们就能通过较少的接触，推测出对方大概是怎样的人。**

这样，当我们逐渐明白人的情感和行动缘由后，我们待人接物的方式也会随之改变，人际关系中的不安全感就会

减轻。

不过，当你过度实践上述框架法，也可能发生副作用，妨碍你对对方的正确认知。

本来别人有优点，可你却因此看不到别人的优点。或者对方有腹黑的地方，你却盲目地相信不可能发生在对方身上。

也许正是因此，在恋爱中才会遇见遇人不淑的情况，或者新闻报道中才经常会听到住在罪犯附近的居民说："完全没有看出他是会做出这种事情的人。"

因此，重要的是不要固执坚持最初印象，而要根据出现的新状况，适时适当地更新自己心中的印象。

12

停止
~~迎合他人的步调~~

❌ **不能停止的人**
　　迎合他人，被搞得团团转

✅ **能停止的人**
　　不被他人干扰，按照自己的节奏行动

孤
独
力

◎ 按照自己的节奏做事，真的不好吗？

对抗孤独能力强的人都是按照自己节奏做事的人。

"按照自己的节奏"，这句话听起来好像给人负面印象，容易让人想到不顾他人，以自我为中心的态度。

在当代日本，社会上强调同步的压力很大，人被拿来与他人比较，如果做了违背常规的事，就会在网络上引起轩然大波，为了在这种社会环境中活出自我，我觉得"按照自己的节奏"行动是尤为重要的能力。

在这里所说的**"按照自己的节奏"，并不是指任性，而是说不被他人左右，尊重自己的生活方式。**

比如，在公司，如果和自己同期入职的员工，或比自己后入职的员工先得到升迁，自己就会感到妒忌。

如果周围都是事业型单身女性，自己也能心安理得地把事业放在优先地位。然而，如果身边的人都开始结婚，自己也会急忙开始找人结婚。

被身边的人问有没有结婚，有没有生孩子，自己就赶紧顺从。如果不这样，就会觉得难受或丢脸。

或者，认为必须让孩子上大学，因为自己感觉不上大学就会丢面子，但其实其他人并没有说什么。

如果像这样，总被灌输他人或社会的观念，总被拿来比较，或者自己随意地比较，就会为了那些原本自己并不渴望的东西，但因为社会压力，而不得不卷入不安、焦躁和努力中。

虽然有时候迎合他人也在所难免，但当你感到孤独，而让自己强行融入群体，迎合周围的价值观，你会更容易感到莫名其妙的焦虑。

"无地自容"的感觉，其实是一种谁也没有对自己不敬，

但自己却不由得产生的情绪。**"舒展不开"的感觉也是一样，都是只有自己这样认为而已**。创造出这种情感的原因，就是我们总被周围的常规与价值观所影响。

这种状态下，总被他人的价值观所牵引，可以说没有活出自己的人生吧。这样的人生方式，我觉得与失去了自己的人生没有差别。

可是，如果你拥有了掌控自己节奏的力量，就不会在意他人如何，而是对自己的生活方式抱有信心，不断向前进。

即便周围人都开始奔跑，你也不慌不忙地徐步前行。当周围人停下脚步时，你也能独自向前进。当周围人向右拐，自己也可以向左看。

自己的成长和生活方式，虽然受到他人的影响，但不应该因为他人而混乱。**世人所谓的成功，与自己认为的成功不一样。他人追求的幸福与自己感受到的幸福也有所不同。因此，与周围人无关，只要你自己觉得好就行**。这是一种信赖自我价值基准的力量，也是一种基于自我价值观行动的勇气。

◎ 坚持自我节奏是优点

我自己也被旁人称为"超级自我节奏"的人。

大部分人可能都觉得有了钱，就应该买新车，应该搬到市中心的高级公寓里住，可是，我却还开着二手轻型车，住在郊外的房子里。

工作用的背包也用了近十年，早已破破烂烂。衣服也是，有洞了还在穿。剪发也不去专业理发店，而是就在家附近的小店花 1000 日元解决。

因为我非常宠爱孩子，对其教育非常放任，为此常常被幼儿园的人批评。

关于孩子的教育，虽然也会被旁人插嘴，告诉我这样做好，那样做不好，可是对于他人的建议我基本上都忽视。

即便有可能赚钱的生意，如果不喜欢我也不做。当遇到顾客的咨询，如果不方便见面，我通通都用电子邮件解决。如果他们不喜欢我的话，那就去找别人吧。我就是这么任性。

来者不拒，对于不喜欢的就忽视；去者不追，不听任何人的建议，当需要做决定时也不与人商量。**即便这样就像皇**

帝的新衣那样，那又如何呢？我实际上没有因此遇到过任何烦恼。皇帝的新衣最棒！

我说出这番话，可能会让大家感觉我是一个性格上有严重问题的人。当然，我并不会对周围人恶意相待，待人时都基本上很有礼貌。从来不会因为自己的原因制造出矛盾。

自己所有的判断、所有的行动都有合理的根据，因此，即便有因此离我而去的人，我也完全不会在意。

这样一来，我每天的满意度 **QOL（Quality of Life）都大幅度攀升。**

从自己这样的经验中，我感受到其实"自我节奏"是一个优点。能做到这一点，是因为我强烈相信"自己一个人也没问题"。

有"自己的事情自己做"这样的自我责任意识，"自己的污点自己修正"这样的觉悟，那一切都能自我完结，能不在意周围人的看法，按照自己喜欢的方式行动。

这样就能不与他人比较，能切实地感觉到自己的成长，把他人的强行灌注当作杂音过滤掉。因此可以专注于自己应该做的事情，拥有满意度较高的人生。

另外，**我认为越是大人，越该把目标和梦想这些东西放在自己生活的中心。因此，孤独的时间多一点反而刚刚好。**

如果跟他人在一起，自己的时间就容易被夺去，那么朝着自我实现而努力的时间，相应地就会减少。

因为自己拥有的时间有限，因此我想把获得的有限生命周期，彻底地用在帮助自己提升的事情上。

13

停止
~~勉强留在职场~~

❌ **不能停止的人**
无法活出自己，在职场中如坐针毡

✔ **能停止的人**
能把握住待人接物的方式，找到适合自己的职场

孤
独
力

　　那些无论从属怎样的团体，都会不知不觉感到孤独的人，我再次强调，是因为没有活出自我，是因为他们在迎合周遭，压抑自我。也或是他们勉强让自己从属一个跟自己性格和思维都大相径庭的团体中。

　　这个道理在职业或公司的选择上也同样适用。

　　不过，我想没有人能一入职就活出自我。一旦职场中的人设跟自己的真实人设不同的状况成型后，就很难逃脱。这与不擅长与自己价值观不同的人交往，这两件事不同的地方是自己无法改变职场中的人际关系。

　　这种时候，**还是选择跳槽，"恢复出厂设置"**吧。

　　比如，就像原本内向的孩子转校后，在新的学校中突破了自己以往的保护壳，变得活泼开朗起来了一样，进入到一个完全没熟人的环境中，就可以按照自己真正的性格重新建造人际

关系。

尤其是人际关系的痛苦，可以说是人生大事一般的压力，如果真的感到痛苦，那跳槽之类的方式对自己的挣脱是最有意义的。

也许正因为如此，跳槽理由的排行榜上，无论什么时代，"职场人际关系"都排名榜首。

◉ 把握自己的性格选择职业

可是，草率的跳槽会给你带来风险，你可能无论去哪里都重复同一模式。

因此，你需要回想，目前为止，自己怎样的行为和价值观与当下这感觉不适的环境相关。**自己的性格和不擅长的人际关系，不喜欢的人际关系，想要的人际关系，这些都需要自己好好分析和把握。**

这种分析不是在他人身上找原因，而是更加积极地思考："我想要怎样的工作，怎样的工作方式，希望和哪种价值观的人一起工作。为此，自己需要怎样的生活方式和环境。"

不要等待周围变化，而是按照自身意志决定，主动采取行动。在了解了自己怎样定义愉快的人际关系后，再去跳槽。

孤独能力强的人，能把握好自己待人处事的倾向。这个能力可以帮助他们做出适合自己性格的职业选择，最终让自己拥有满足度高的人生。

比如，社交能力低的人就职于需要经常接触客户的工作，不会觉得非常痛苦吗？不喜欢笑，但是不得不挤出笑脸，这会带来很大的压力。不擅长体察他人情绪的人，即便从事了那些要求服务精神的工作，想做出成果来也需要相当大的努力。

因此，说得极端一点，如果你感到与人接触很痛苦，那就选择不需要经常与人打交道的工作，比如只需要对着电脑就可以接单和发货的设计师或作家的工作。不擅长跟人打交道，但通过电子邮件就没问题，这种人不在少数吧。

或者，如果没有协调能力，那就选择不太需要协调能力的工作。比如，学者或者研究者、工厂或者仓库的工人、司

机等职业，比起其他的职业来说协调能力的要求就比较低。

如果感觉自己没有社会性，那还可以选择创业这条道路。自己当了一个公司的头领，可以依照自己的信念做任何事情，因为这是在某种程度上允许的。当然，自己任性过度，也会有人因此离开你，这时候只需要聘用协调型人才，或者聘用协调能力强的人当参谋就可以了。

正因为你觉得必须就业，必须跟职场的人保持好关系，因此才会感受到繁琐的人际关系，失去工作的动力。

然而，现在这个时代，关在家里通过网络创业的人和投资家多如山。作家和艺术家等职业，可以说如果不把自己关起来，还无法工作呢。我跟我的网页设计师及制作宣传单的供应商，实际上一次面都没有见过，但已经通过电子邮件有了将近十年的业务往来。当下正是这种工作方式盛行的时代。

● 多重人格生活

无法通过跳槽或创业来解决人际关系问题的人，就创造出能接纳自己多重人格的地方吧。让自己所属的地方不只公司，还有多处地方。

我们生活在世上，实际上都不只有一个人格，激活自己内在的多个人格，就可以根据场合的不同，分别使用不同的人格来生活。

比如，在公司是一个魔鬼型的上司，在家其实是个怕老婆的耙耳朵。学生中也有这样的人，平时看起来呆呆的，但实际上围棋水平已经达到职业选手级别，当把棋盘放到面前时，此人瞬间与众不同。

如果自己的世界只有家庭与职场，那当这些地方无法允许自己做真正的自己时，你渐渐地就会感到痛苦。

可是，如果有兴趣小组或孩子学校的相关团体等，各种各样能展现自我的地方，那即便在一个地方无法展现自我，在别的地方也可以，当能让自己确定可以安心做自己的地方变多时，你的内心就能得到平衡。

我也拥有多重身份，家庭里当然算一个，工作上也是。在企业家群体中的自己，跟在孩子堆里的自己截然不同。

　　另外，我还有作家这个身份，在写作时可以使用多重创意，虽然每一个创意都来源于自己，都是自己的，但这些不同的点子发挥了自己不同的人格特质。

　　比如，我的书中，既有骄傲的自我展示的书，也有迎合读者口味表现自我的书。我的专栏也是如此，既有毒舌评论的专栏文章，也有学术型的专栏文章。这些不同的人格都是自己，把自己内心中不同的人格在不同媒介中区别展现了而已。

　　有了这样能确认自己多重性的地方，你会不时发现和感受到新的自我。

◎ 拥有自我展示的舞台

　　另外，也有很多人在网络上很毒舌，实际生活中却很谦卑；在电视上很开朗，但实际生活中却很阴暗；在书籍里很强势，实际上却很懦弱。之所以产生这种情况，也是因为他们可以通过这种方式，把内心深处自己的多重人格展现出来，从而在自己心中取得平衡。

也许没这样做过的人，并不能理解这种感受。那些无法展示真实自我，感觉到压抑的人，**可以抱着试一试的心态，在新的人际关系场合中展现一下自我。**

或者还有更简单的方法，在能让他人看见的社交媒体上展示自我。

如果没法用自己的本名，**那就设定一个虚拟的人设，按照这个人设来展现。**当你能说出自己想说的话时，就能活出真实的自己，从而获得自由的感觉。

孤
独
力

THE POWER OF LONELINESS

第 3 章

价 值 观

14

停止
~~考虑周围人的意见~~

⊗ **不能停止的人**
　无法走向自我实现

✔ **能停止的人**
　可以随心所欲地生活

孤
独
力

◉ 所谓自我实现就是活出自己

虽然经常听到"自我实现"这个词，但这个词并不仅指一个人活跃在各领域中。

遵从自己的本心生活，或创造出能实现该目标的环境，也是一种形式的自我实现。

享受孤独的人都是能遵从自己的心声生活的人。因为他们觉得本真的自己很好，所以不需要谎言和修饰，勉强自己去迎合周围的人，自己自然的状态就很好。这就是按照自己的方式生活，就是把"自己"这一个体自然地在真实世界中得到了"实现"。

即便没有光鲜亮丽的生活，他们也能堂堂正正地活出真实的自己。这是对自己的自信，对自己人生的信赖感，能对

自己的将来抱有明朗的期望，可以说是一种"幸福"的生活方式。

可是害怕孤独的人，却无法实现这个意义上的自我实现。他们为了不是孤单的一人，会压抑自己迎合周围。为了不遭到团体讨厌，比起自己的想法，他们会更考虑周围的意见和价值观，再去展开行动。

那些表面上看起来光鲜亮丽极其活跃的人，为了得到同伴追捧，总是绞尽脑汁，这样的人并不在少数。

在名人中也经常会看到这种情况，**总是在意 SNS（社交网络服务）上的点赞数量，过度在意自己在"Instagram（照片墙）上的形象"，为得到他人的好评而行动，这种人并没有在真正意义上得到自我实现。**

那怎样才能算"内心的自我实现"呢?

● 明确人生的优先顺序

其中一个方法是区分"对于自己来说，哪些重要，哪些不那么重要。"

不是自己的固执观念，也不是社会常识，或者他人的评价，而是持有自己明确的判断标准。即便是以自己的喜好作为判断的标准，也试着找出这个喜好背后的自我价值观。

然后，把最重要的事情放在最优先位置，把不重要的事情放在后面，要么少花点力气，要么干脆就不要管。

明确了这样的"人生优先顺序"后，你就能锻炼出果断舍弃不重要事情的胆力，当更重要的事情发生时，你能立即停下手上的事情，投入到更重要的事情中。

这样一来，你就不会出现懒散应付当下，让时间从眼前流逝的情况。为坚持自我而感到孤独的恐惧感也不复存在。

● 意识到自己重视的"价值观"

我的价值观是总能坚持合理性。自己的判断标准、行动指针的原点是"这件事是否合理"。从时间、劳力、成本的平衡出发，用最小的投入得到最大的成果。回避无用功，总想

着从自己的行动中获得怎样的好处。

因为这样的欲望非常强烈，因此以"合理性"作为行动出发点后，你会发现自己从中可以感到满足和幸福。

因此，只要是合理的，无论怎样的意见我都会倾听，如果不合理那就过滤掉。

比如，无论收入如何增加，我既不想住在市中心的高级公寓里，也不想穿光鲜的衣服，不想坐高档的汽车，我并没有这些欲求。

因为已经搬过十次家，所以我无论住哪里都能很快适应，即便再高级的地方，兴奋期也只有最初那段时间，这个道理我也知晓。从高级公寓大楼上眺望风景，也只有最开始会兴奋，之后就成了每日见怪不怪的茶余便饭了。

而最重要的是自家住宅不会产生收益，所以对我来说，只要在比较方便的地方过着比较舒适的生活就可以了。为了像豪华大厅那种自己基本用不上的公共设施花钱，未免也太傻了。

买东西时，我也不会冲动购物，"因为便宜就买""因为可爱就买（因为炫酷就买）""因为是限量版就买""因为是新商品就买""因为马上要换季了就买""因为想要就买"，这些情况不会在我身上发生。

同时，**如果认同了合理性，那就能很简单地修正自己的意见。**

最近，我家里因为快迎来第二个孩子，大家开始商量是否需要购买外出用轿车。

我 30 岁刚出头时，曾经热衷于汽车改造。为了改造车，还花过 300 多万日元，因此对于汽车我是很有自信的。也因此，我在买车的时候，会有很多自己的讲究。

于是，我到车店去按自己的要求大致估算了一下，轻型车的价格都需要 180 万日元。全套装备下来，确实要这么多。

这时，我的妻子提出了另外一个方案——二手车不也挺好吗？

我这才反应过来。我冷静地回顾了自己的生活方式，自己家离车站又近，上班只需乘电车到公司，购物基本上都是

网购。使用汽车的情况，不过是接送孩子去幼儿园，或者去超市购生鲜食品。虽然每天都需要使用，但行驶距离不到十公里。只是偶尔家人外出就餐或者旅行时会用到而已。

虽然，高性能新车确实能带来高满意度，但只有这种程度的使用率，买来也只能当作摆设。

于是，我搜索了二手车网站，发现在附近的二手车店中有 19.5 万日元出售的轻型小轿车。8 年前生产的产品，已经跑了大概 14 万公里，行驶距离长，因此才这么便宜。

再进一步搜索，像出租车等车辆跑 20 万、30 万公里都非常正常，尤其是日系车，只要做好了保养，14 万公里的程度完全没问题。

"四五年后，第三个孩子出生，去动物园或者博物馆之类的地方，没有车就会不方便的时候，我们再换成客货两用的新车就可以了。"

妻子的意见非常合理。最重要的是这次省下的 150 万日元还可以用到别的地方。我刚说完，妻子就来了一句：

"那把省下来的钱用来买伯爵手表吧。"

◉ 什么是让自己真正幸福的判断标准呢？

我不仅在家里如此，我还有一个优点——合理性越高，我越能毫不固执地立刻割舍。

要想这样找出对自己重要的价值观，内省作业必不可少。回顾自己的行动，思考这背后的理由。不断做这样的练习，就能渐渐看到自己的思考和行为模式。

判断和行为的背后隐藏着自己的价值观，能发动起另一个冷静的自己，理性地分析自己的价值观是否能为自己带来幸福。

如果能把发现的价值观调整成让自己能接受的价值观，就有了明确的判断标准与行动指南。这样一来，就能判断一件事情对自己的人生来说是否重要了。

15

停止
~~看重常理~~

- ⊗ **不能停止的人**
  继续被他人的价值观左右

- ✓ **能停止的人**
  对自己的观点持有信心

孤
独
力

○ 被他人影响，是因为你看不起"自己的声音"

　　害怕孤独的人有一个特点，很容易受到他人影响。因为过度害怕被周围人所排斥，因此比起"自己的声音"，他们更重视"他人的声音"。

　　把他人的评价放在优先位置，他人说这东西"好"，那他们就觉得好，他人说"不好"，他们也就认为不好。

　　这种情况看起来像自己在做选择，实际上是无意识之间被周围人左右了，这样一来，就仿佛不是活在自己的人生，而是活在他人的人生中。

　　那为什么会被他人所影响呢？这是因为他们对自己的见解没有自信。**对自己的见解没有自信，换句话说就是不信任自己的真实声音。其实就是看不起自己。**

自己真正的想法是这样，其实本来想这样做，内心本来是这样想的，可是自己却不接受，总是去压抑和否定它，那么无论什么时候都无法做自己想做的事情。

而影响这些人的"他人价值观"常常是社会常识、道德感、伦理观念等。

◎ 讲究吉利与否真的有意义吗？

一个典型的例子就是"讲究吉利"。

比如，在佛灭日结婚的话，很多人会觉得不吉利，因而回避。因为大家觉得需要选择良辰吉日。或者如果被亲朋好友觉得不吉利的话，自己就会受不了。

可是，到底什么是吉利，而且，讲究吉利到底会有什么好处呢？

安心？觉得安心的理由是，相信仏灭[1]或大安之日——六

---

[1] 仏灭：在日本，指连佛都会灭亡的最差日子。全凶。特别不适合结婚之类的喜事。

曜[1]。那么之所以相信的根据是什么？六曜本是源于中国的习惯，在中国就已经被认为是没有意义的东西而被废掉。就是说没有相信的根据，已经不存在了。

相反，如果遇到了不吉利的事情，到底又会受到怎样的伤害？在仏灭日里举行了婚礼就会不幸吗？离婚吗？这种看不见的负面能量到底是从哪里来的呢？如果深挖下去，肯定能知道不过只是一些超自然现象而已。

在佛灭日举行婚礼，并不会发生不幸之事。

我自己就在佛灭日举行了婚礼。因为是佛灭日，婚礼费用还享受到了折扣。

另外，婚礼当天，我们一行人还享受到了独占场地的待遇，原定两个半小时的婚礼，最后不但超时举行了一小时，而且还没有格外收延长费，婚礼过程一切顺利。如果那天不是佛灭日，而是大安日[2]的话，恐怕就会有另外的新人需要场地，我们不可能享受到这么多好的待遇。

---

[1] 六曜是中国传统历法中的一种注文，用以标示每日的凶吉。后来传至日本，并于当地流行，在中国则日渐式微。

[2] 大安日：在日本，意思是大大的安稳，所以万事为吉，特别适合婚礼之类的喜事。

抛开我的例子，很多人所讲究的吉利与否，当我们去解
开其中的纽带时，会发现其实都是毫无根据的固定观念而已，
还会发现"不吉利"这句话，只是逃避了应该直面的现实
而已。

比如，跟父母谈论过世后的安排，很多人会觉得不吉利。

可是，如果不趁父母健在的时候，倾听父母的意愿，思
考好应对策略，等父母老年痴呆了或者真正离世了，那时候
恐怕会出现家庭成员之间的矛盾。

"不谨慎"这个词也是。在日常生活中，我们会碰到一些
评价他人"不够谨慎"的人，其实并没有真的发生具体的问
题和困难，而只是说这话的人自己心里，由于受到条条框框
的束缚，会觉得他人都考虑得不够周全而已。

也就是说，大部分人只是在无意识间被束缚着。如果意
识到这一点，就能进行自我解放。

这些看不见的常规形成压力，形成没有意义的道德束缚，
还有很多没有必要的固化观念。

16

停止
~~在意社会标准~~

❌ **不能停止的人**
虽然在努力，但却抱怨不止

✅ **能停止的人**
按照自己理想的方式生活

孤独力

⊙ 不要水平生活，要垂直生活

因为害怕孤独，所以非常在意与人的关系，总是横向地观望，这样的人很容易过度在意社会标准。

比如，非常在意平均存款的统计、职业收入排行榜等电视或杂志媒体上的特辑，这就是一种只顾横向观望的表现。

这样一来，你无法建立自己独有的金钱观和职业观，总与他人比较，还很容易生出不满的情绪："为什么我这么努力还是没有回报？"

与其这样，倒不如垂直地看自己，看看自己从过去到现在，然后再把目光放在未来，思考自己人生的选项。

当把自己的历史沉淀下来，当生活方式的根基打好后，对于周围的景色、发生的事情，哪些重要，哪些可以忽视，你都可以根据自己的轴心来判断了。

如果能重视自己的想法，那么即便正在迅速往前走，也能区别哪些是重要的，哪些不重要，从而躲避不重要的人和事。

个人存在于历史这个纵轴与社会这个横轴的交点上。如果只是看横轴，容易因为太在意周围的动态和环境的变化，而迷失真正的自己，陷入"这样下去真的好吗"的迷茫与焦虑之中。

● "理想的生活方式"只有自己才知道

失去了自我，把价值的评判标准交给社会，就会被"梦想就是私人豪宅，有钱了后就该买车"等大众的幸福标准所牵引。被强行灌入别人所定义的生活方式。

"自己应该去哪儿"只有在自己的内心才能找到答案。要认真地对待自己的纵轴（历史）。

接受自己的过去和现在，在这个基础上创造自己的未来。

告诉自己，到现在这一刻的自己是 OK 的。现在的自己也 OK。但是，我还有理想中的生活方式，因此以后我要这样做。

所谓"自己应该去哪儿？"这个问题的答案可以说跟"梦想"很接近。**梦想并不一定都能实现，但是能靠近。**遵从自己的心声找到的梦想，哪怕靠近一步、两步也好。靠得越近幸福感会越高。

◎ 如果感觉受到阻碍，就回顾自己的原点

当你在前行的道路上感到迷惑时，疑惑"这样真的能行得通"？当你感到不知所措时，可以重新回顾自己的原点。

比如，当时为什么决定要进这家公司？当时为什么会选择这位伴侣？

并不是受到他人指示，也不是被人强制，而是自己的意志做出的选择，肯定有做出该选择的理由。

拿我自己举例，我之所以发送与投资和金钱相关的信息，是因为学生时代有过贫困的经历。贫困会带来不便与不安，

为了消除这样的感觉，我一直钻研资产管理至今。

另外，我之所以对自己有信心，不怕失败勇于挑战，是因为两家公司失败后我依旧跨越了困难的经历。

像这样，回顾那些决定了自己的方向性和生存方式的过去，你**就能客观地观察自己的思考模式。**

"原来自己是这样的。"明白这点后，你就能肯定并接纳那个创造了现在的过去的自己。

● 试着翻阅曾经的相册

如果过去的记忆已经模糊，你还可以把自己过去的相册、毕业文集、日记或 SNS 上发表的文章，或是过去的工作履历、申请表等，拿出来看看。

回顾自己上小学、初中、高中、大学、刚就业那会儿，当时自己的所思所想，有着怎样的梦想和什么样的烦恼。

像这样，**回顾自己的原点，回顾原因和结果。** 想想当时做了怎样的选择，于是有了当下的生活。

从现在的视角，重新审视自己过去的行为，是不是发现当时的思维和行动是多么幼稚和笨拙。然后，微微一笑，感叹："当时要是这样做就好啦"或者"自己现在成熟啦"，从中实实在在地发现自己的成长。

如果一个人内省的时间够长，那这种实在的感觉，会给你带来一种很强烈的自我认同感。

17

停止
~~在意他人的评价~~

⊗ **不能停止的人**
只能通过他人的评价确认自我价值

✓ **能停止的人**
提升价值展示存在感

孤
独
力

◉ 不须期待他人的评价

害怕孤独的人总倾向过度在意他人的评价。"如果被周围人这么评价怎么办？"他们的脑海中总是极度担心自己被他人轻视。

他们无法根据自己的价值观和判断标准获得自信，必须依赖他人对自己的评价。只能通过他人的眼睛来确认自己的存在价值。

这种过度的认可需求，源于自我肯定感的低下。因为无法认可自我，所以需要来自他人的认可，由此来满足自己的认可需求。

然而，那些能享受孤独的人，并不会这样在意他人的眼光。他们之所以觉得一个人也无所谓，是源于他们对自己的信赖，能充分肯定自己的价值。

因此，我们不需要过度期待来自他人的评价。**不害怕孤独的人，拥有自己的价值标准，并对自己的价值标准抱有信心。这也就意味着，他们能培育适度的自我肯定感。**

◉ 人生并不是"抢椅子游戏"，不需要比较

人本来就不是为了他人而存在的。人生并不是"抢椅子游戏"，**即便跟他人比较，与他人竞争，也并不一定能得到幸福。**

相反，当每个人都围着仅有的几把椅子争得眼红时，有些人会离开这个圆圈，自己安静地过活，反而感到内心更加地富足。

这并不是说要你从社会中淡出，脱离社会去隐居，或成为极简主义者。

而是说，**别人有别人的幸福模式，自己也有自己的幸福模式，只要承认其区别就可以了。**

如果追求别人所说的成功，按照社会所要求的方式生活，那么你会总是与他人比较，动不动就一喜一忧。

因此，重要的是不在意他人眼光，想清楚什么才能让自己幸福，也就是说拥有自己的评价标准。

◉ 时常更新自我评价的标准

用自己的方式解读世界，不被眼前的矛盾和蝇头小利左右，清楚自己所在的位置，以理想的人生哲学为思维出发点，想要做到这些，**每个人需要按照不同的节奏，在各自成长过程中，不断达到一定的心灵成熟。**

这要求不断更新自我评价标准，也就是说，这是一种在与"社会性"隔绝的地方进行的内心作业。

把世俗标准抛之脑后的修行僧人，当自己一个人时，也会问自己处世的根基是什么。

就像我们说"度量不同"一样，**精神成长的程度决定了一个人作为人的机能发展程度。**这会体现在一个人的言行举止当中，成为人与人之间的"差距"。

而且，这与年龄和学业等方面的因素并无关联。世界上有很多精神上未成熟的幼稚成年人，也有很多年纪轻轻就成熟了的年轻人。

● 自信是从"成功经验"的积累中产生的

想达到这个境界的一个方法，说来也非常原始，就是自己确定自己所有行动的价值标准，积累成功的经验，从中获得自信。

"努力后得到成功"这样的经验与自我信赖感相连，相信"用自己的方式能做到"，能作为"无论他人如何，自己这样就很好"的信心来源。当你能认可自己了，就会变得也能认可他人。**这样一来，那种"厌恶"和"气上心头"的感觉就会消失，最多会想"原来还有这样的人"，那种否定他人、拒绝他人的情绪也会逐渐变淡。**

这会带来内心的安宁与富足，不会因为一点小事就大动干戈，成为平稳日常生活的基石。

我之所以对自己有信心，也是由于自己通过资产投资与公司经营，积累了很多成功经验。

有了自信，觉得"自己按照自己的方式挣钱，跟别人怎么想没关系"，这成为不畏孤独、能以真实声音生活的强悍力量。与此同时，我也会觉得"不从属于某处也没关系""想要不受人支配的生活"，因而产生自我的独立心。

孤独力

THE POWER OF LONELINESS

第 4 章

行动

18

停止
~~没有梦想和目标~~

❌ **不能停止的人**
没有拿出全部实力，感到孤独

✅ **能停止的人**
集中精力实现目标，不觉孤独

孤
独
力

◉ 与自己的梦想或目标相连

"连接的感觉"并不单指身边有人，有家人在，这种能看得见的才叫作连接，也可以指与自己内心连接。具体来说，就是与自己的梦想和目标相连。

比如，为了通过考试而专心学习的人，为了获得比赛的胜利而努力练习的运动选手等，即便一个人在学习或练习，也不会感到孤独。

当集中注意力在自己的工作上时，你就不会感到孤独，对不对？**所谓集中，就是你与当下的时间连接的一种状态。**

在这种状态中，你与自己的目标相连，即便在图书馆一个人复习，或在河边堤岸上一个人跑步，在咖啡厅里一个人写企划书，也根本不会有杂念去思考："会不会被别人认为是

孤独的人呀？"

◉ 专注在喜欢的事情上，孤独感就会消失

抱怨孤独的人，有可能是由不完全燃烧[1]引起的。那种感觉自己窝囊的情绪，被他们解读为了寂寞，并希望通过与他人的连接来得以排解。

因此，**感到孤独寂寞的人，应该去找那些让自己专注和热爱的事情。**

对于自己喜欢的事情，我们无意识间就会不断导入更多有效的方法。这种试错行为，换句话说，这种思考"为什么没成功""接下来该怎么办"的行为就是一种"内省"，能帮助增强我们对抗孤独的能力。

如果我们对抗孤独的能力得到提升，在这个过程中得到的成长实感及成就感就会演变为自信。这种自信会成为"自

---

[1] 这里借"不完全燃烧"的概念，比喻没有拿出全部实力。

己能行""总会有方法"这种的强大信念，便不会觉得一个人是一件孤独的事。

● 参加各种各样的挑战，不断试错

因此，我们需要去探究自己喜欢什么、擅长什么、该放弃什么、该专注什么。即便当下并没有特别的喜好，你也可以通过各种挑战去试错，去找出自己擅长和不擅长的领域。

如果尝试了，发现并不是特别感兴趣，没有热情，那就立刻停止，再投入到下一个。如果感到自己不擅长，或感觉痛苦，那就果断做决定，撤出来去投入到让自己感觉幸福的事情中。

不管是工作，还是运动，还是其他爱好都可以，去找到一个能让你为了未来而倾注全部精力专注奋斗的目标。

确立目标，积极向上，不断努力，这个过程中肯定会碰到障碍。这个障碍，与其说是他人，不如说是自己的心。

他人不能代替自己努力。只有自己才能努力。因此，不

要依赖他人或期待他人的帮助，而应该锻炼自己，获得与自己的内心对话来克服困难的能力。

也许正因为如此，**无论在哪个领域，那些被称为"一流人物"的人，都有很强大的内省能力。**

那些一流人物的发言很有分量，之所以能说出那么多名言，也许就是他们内省带来的。

● 模拟训练也是一种内省方式

实际上，运动是提升对抗孤独的内省力的一种绝佳方式。在运动中，与其跟其他选手或团队一起训练，**不如自己单独训练，单独训练的时间越多，运动技能提升越快。**据说，大部分专业选手都倾向在人们看不见的地方独自努力训练。

比如，原职业棒球选手工藤公康，是一名留下了诸多出色成绩的知名选手。在他48岁退役前，曾获得四次最优秀防守、两次最多三振、三次最佳团队等荣誉奖章。他也会在比赛开始前，一个人关在单人间里，琢磨"对方可能会这样接球""二号选手会这样发球"等，在头脑中模拟与一号到九号选手的对抗。

当然，他的身后肯定也有支持团队，帮助他一边看电视回放，一边分析对手的配合，根据比赛数据制定相应对策等。但最重要的，还是他在自己头脑中进行模拟对抗、自我检查动作和修正动作。

在他的著作《不害怕孤独的能力》（青春出版社）中："据我所知，那些自己在孤独中思考并找到方法的选手，比被其他人灌输或者教育的选手成长得更快。因为在孤独中，他们能不停想出让自己成长的方法。"

如果能意识到自己应该做什么，那么即便没任何人催促，也能够自觉自愿地发起行动。

再举一个例子，美国职业篮球比赛NBA中活跃的一流选手就曾说："七成的练习时间是一个人在练习。因为想好好调试一个个技巧。"

音乐家也是如此，据说越高级的音乐家一个人练习的时间越长。小说家和作家更是这样，他们那些细腻的表现力，

更是通过内在的试错练习和对语言的不断打磨而形成的。如果没有独处的时间，这些都是无法办到的。

⊙ 能否遇见"天职"也是一个内省的问题

另外，对工作的态度也是同理。

比如，"天职"这个词，并非指遇到符合自己与生俱来的天性的职业，而是自己主动在工作中磨炼技能，带着兴趣研究，在过程中感受成长与进步，从而感到快乐。就是说，这也是一件极其需要内省的事情。

相反，无论做多少年，也感觉不到进步的话，那有可能你自己并没有带着内省意识去对待这个工作。

因此，你也感觉不到工作的快乐。因为感觉不到工作的快乐，所以总着眼在公司的人际关系和公司的体制缺陷上。于是总是愤愤不平，抱怨不止。

因为自己没有长期和短期的目标，没有让自己"有意识地锻炼"，只是勉强应付日常的工作、学习、练习。这样自然谈不上成长。

冈本太郎[1]说:"在孤独中,与自己战斗的人会面对镜子与自己对话。越能纯粹地贯彻孤独,越能滋生出一股魅力来。"

因此,说起来,**你在抱怨一个人时会感到不安,这个状态说明你还有很多可用的精力。**你还处在一个不完全燃烧的状态。只是行动还不够而已,只是还没有活得很拼命而已。

我建议,感叹内心孤独和空虚的人,重新问一问自己,该怎样生活,自己的存在价值是什么。

"自己是不是每天上床睡觉时,还带着很多可以使的余力?"

---

[1] 冈本太郎 (1911–1996),日本艺术家,作品中包含了丰富的日本民族特色。他以日本历史上发掘出来的上古时代的出土文物为素材,创作出了一批富有现代审美意义的作品,他的作品涉及油画、版画、雕塑、陶艺、摄影、著作等多个领域,被称为日本的"毕加索"。

19

停止
~~过度思考而不行动~~

❌ **不能停止的人**
　原地打转，烦恼不断

✅ **能停止的人**
　自己思考，想出适当的方案

孤
独
力

◎ "过度思考"的人其实并没在思考

在孤独力弱的人当中，有些人的情况是一个人待着就会过度思考很多不必要的事。

可是，他们口中的"过度思考"，其实并不是真正的思考。他们只是围绕着一件事，不停地原地打转而已。他们任凭某件事不停地在脑海里徘徊，却不去直面自己的心声。这只不过是一种"想起来了"的状态。

因为处在这样的状态中，他们也就无法想到解决策略或其他方法。过于困在这种思考中，还很容易产生悲观的情绪，觉得束手无措。

因为过度思考而消沉的人就是这种类型。无论他们有多少其他选项，他们都不会睁眼看，而只是陷在自己的思考中。因此

他们也无法描绘出具有建设性的未来。因此当然也就无法行动。

这个道理，其实可以用来解释很多人所面临的"烦恼"。

◉ 之所以烦恼，
其实是因为没有仔细思考自己的事情

比如，"就业和跳槽的烦恼""恋爱和结婚的烦恼""育儿的烦恼""人际关系的烦恼"等，都是人们常有的典型烦恼。

这时候，孤独力弱的人因为缺少仔细内省的习惯，因此很容易陷入不知道该怎么办的混乱状态中。

可是，之所以会出现这种情况，也是因为他们没对如何解决自己的问题以及周围的人际关系问题，进行认真思考。他们的思考处于停滞状态。

其实，"烦恼"这个东西，并不是让他人来帮助解决的，而是自己一边思考一边一个一个克服的。

即便是牵扯到他人的问题，与其改变他人，不如改变自己的行为和思考模式。即便如此，还是无法解决的烦恼，那就花钱请教专业人士。

"思考"这个词的真正含义，并不是消灭烦恼，而是把烦恼当作课题分解，成为你判断与行动的素材。调查后选择行动的策略，导出相应的结论。

那些能导出具体行动方案的思考才能称作"思考"，而那些像唱片机一样，不停循环着同一种思考的，只是因为视野狭窄而已。

比如说，"为了是否要创业而烦恼"，这种其实也没有真正在思考，只是在絮絮叨叨而已。

因为没有真正思考，所以起不了作用。总在同一个地方，或感到愤怒或感到消沉，或感到不安，结果总是不停重复着这个疲惫的过程。

所谓没有学习能力，说的就是这样。总无法把当下这个场景中学到的东西，运用到未来的活动中。

这个习惯会对人生的全方位产生影响。

比如那些总是经历同样失败，总是被同样一种劣质异性吸引的人，就是因为他们缺少了内省，遇到问题后总只是烦恼就结束了。

当嫉妒、愤怒、感觉不合理、悲伤这些情绪涌上心头时，怎样接受引起这些情绪的事情，怎样把它们朝着对自己有建设性的方向牵引，思考下一次应该怎样反应，应该采取怎样的行动，这些经验的储备，**决定一个人"作为人的性能"的强弱。**

可是，给自己找借口，或怪罪他人，这种行为只是让目光从自己身上转移而已。或者按照自己的喜好，扭曲现实后进行解读，这种行为会在你与真正的自我之间产生隔阂。

因此，永远无法对自己有信心，陷入不停烦恼的恶性循环中。

这样的人，缺少了对自己的坦诚，没有坦诚地直面自我。

○ 将烦恼写在纸上，仔细观摩

因此，哪怕遇到一件小事，我们都有必要独自静下来，回顾这件事情的原委及自己的感受，接纳自己真实的情感，思考怎样的行动才能让未来更有建设性。

如果感觉自己陷入了为同一件事烦恼的循环中，不知道该怎么办想要放弃时，**你可以暂时关掉你的思考开关。**

关掉开关的方法，就是把烦恼在纸或本上写出来。"到底问题是什么？""想要怎样的状态才满意？""要想达到这样的状态，需要怎样的方法？"把注意力放在这些问题上，并写出具体的答案。

把自己的烦恼和想法变成文字，落实在纸上后，就让自己从烦恼中跳出来，能客观地审视它们。**把心中不停回想的烦恼落到纸张这个现实世界中，强制性地让"另一个自己"来审视，让自己恢复冷静。**

另外，不是我骄傲，我真的没有烦恼。因为，我一个一个地解决了让自己感觉烦恼和不安的事情。

这种经验的积累演变为自信，相信自己遇到困难时，可以从中设定确切的课题，想出解决的方法。实施行动后，即便无法完全解决，也可以把情况改善到不让自己烦恼的程度。某种意义上说，这是一种"全能感觉"。

这不是感觉自己很厉害的自负心，而是觉得自己的事情自己可以做。**降临到自己身上的问题，自己可以解决。一种自我信赖和自我肯定的感觉。**

● 如果知道自己的孩子有"发展障碍"

比如我有一个年满三岁的儿子，基本上无法说话，语言的发展比正常孩子缓慢。另外，他还非常容易生气，发起脾气来比一般叛逆期的孩子还要厉害。虽然，我觉得奇怪，但也只是归结于个人差异。

可是，有一天妻子来电说，儿子突然两眼翻白口吐白沫，身体痉挛瘫倒在地（也就是所谓的羊癫疯）。

后来被救护车送到医院，医师听说他的语言发展状况及癫痫状况后，说孩子可能有智力发育问题，让我们找专门的医生诊断。

我们很受打击，不敢相信居然会有这种事。如果是以往的我，可能会感到不安和悲观。

可是，我们夫妇决定接受这一事实，"即便如此，这也是这个孩子的个性"。于是我们开始调查这种个性能活用在哪些方面，于是我们就发现，在创业家和发明家等达成伟业的人群中，实际上有不少人都有 ADHD（注意力缺失／多动症）及艾斯伯格综合征。

比如，众所周知乔布斯就患有发展障碍。永远的少年、维珍集团的创业者理查德·布兰森、电影导演斯皮尔伯格也是如此，据说少年时期就有 Dyslexia（读写困难——学习障碍的一种，表现为阅读和书写能力弱）。

还有最近被称作改变世界的男人，特斯拉汽车和 Space X（太空探索技术公司）的 CEO 埃隆·马斯克据说也有发展障碍。

据他书中所说，他也有着缺乏社会性的一面，曾在公司内部发脾气，说话完全不考虑对方的感受，突然解雇自己的心腹属下等。私人生活方面也很混乱，结了两次婚，两次都以离婚收场。

而且实际上，根据美国的调查，**ADHD 的人成为管理者的概率比一般人高出 6 倍。**

的确，考虑到他人的感受，考虑到环境与氛围的人，是无法为了梦想横冲直撞，不管周围如何都能一往直前的。因为 ADHD 的人没有过度考虑他人的情绪，因此能毫无畏惧地牵引着巨大的组织向前进。

● 考虑"接下来应该怎么做"，
于是烦恼就变成了课题

另外，具有发展障碍的人，很多能在某些特定领域中发挥出超越常人的才能。在音乐和艺术等领域中，能成为世界顶尖的人不少都有发展障碍。

前面所说的埃隆·马斯克的注意力就非常惊人，五六岁的时候，据说就能"就像跟世界绝缘了一般，全身心集中在一件事情上"。

他从幼儿时代开始，不时会发呆，即便有人找他，他也纹丝不动，据说他的母亲还以为他的听力有异常。

我仔细观察自己的孩子，发现他也有注意力非常集中这个特征。（也许只是因为我太喜欢他了。）

比如，只要他开始玩游戏，无论怎么跟他搭话，他都没反应，完全沉浸在其中。大人伸手去拿玩具，说跟他一起玩，他也完全不看一眼，一巴掌把我们的手挥开。真是典型的ADHD 症状……

因此，我们承认这个孩子并不会按照常识性的生活方式，成为"彬彬有礼的好孩子""跟大家一样学习成绩优异",最后成为"有用的社会人"或"就职于很好的公司"等,**我们承认他哪怕性格古怪也没关系。我们会为他高兴,与他人的不同就是证明他是一个特别存在的证据。**

然后,只需要告诉孩子,还有创业者和艺术家这样一些独自生活的道路可以走。最终,他自己会选择让自己满意的道路。

像这样,接受真实的现实,思考接下来的对策,那么烦恼就变成了课题。你就会明白,课题通过调查就能找到解决方法和选项,无论何种状况都会拥有某些可能性。

这样一来,我们反而对"这个孩子将来会发挥出怎样的才能"充满了期待。

20

停止
~~非要合群~~

❌ **不能停止的人**
　　无法从众人中脱颖而出

✔ **能停止的人**
　　能成为创新型人才

孤
独
力

◎ 孤独让想象力释放，想象力让自我解放

虽然网络的普及和媒体的多样化让信息量大幅增加，可为什么有些人能成为有创造力的输出者，有些人却不能呢？

其实，**仅得到知识与信息是无法带来价值的，怎样编辑这些知识与信息，如何加工它们才是重点。**

要做到这点就需要独处时间。如果有他人的加入，思考很容易中断，一个人不会被任何人打扰，根据得到的信息静静分析，让自己的想象力无限扩展。**具有创造力的人才，就是这样在孤独中催生新事物的。**

比如，塑造了蜘蛛侠、钢铁侠、X 战警等美国英雄的天才作家斯坦利·马丁·利博说过："对我而言，他人就是刺激

我求知的好奇心、让我感到快乐的事物。因此，与人交流对我来说是很重要的。可是，这个刺激如果只是原封不动的话，就无法保留下来，就会流失。为了能让这个刺激催生出一些什么，我必须一个人待着。"

要想得到创意的原石，确实需要外部的刺激，但要发展这个创意，就需要不受他人干扰的独处时间。

如他所说，受到外界刺激后有了启发，也需要自己沉下心来，进行加工。即便从跟他人的讨论中，想到不错的点子，也需要通过自己的感性来进行提炼。

◎ "一个人对话" 催生创造力

大部分人对于外界刺激，只停留在知道或情感反应的水平上。因为只是接受，只是记住，只是反对，或者认同，这样会来得更轻松。

可是，拥有创造力或创新能力的人，会将这些刺激加工且活用。在心中思考和打磨自己的思维与行动，是他们的一个习惯。把外部世界套入自己的内在思考框架中，尝试着理解与创造。

然后，将那些类似突如其来的假设与现实对照、检验，最后成为作品出现在了市面上。

也就是说，商业领域中常常使用的头脑风暴和辩论，并非没有他人就办不到，优秀的创造者会一个人反复进行这个作业。

换句话说，在自己心中造出一块空间，在这块思考空间中，让怀有各种想法的不同自己站在上面，彼此讨论。能做到这点的人，能不停找到解决问题的方案，并找出独创性的想法。

比如漫画《进击的巨人》，其独特的世界观和随处埋藏的情节线吸引了大量的粉丝，2017 年初漫画单行本发行量超过了 6300 万册。

可是，据说其原作者谏山创最初创作《进击的巨人》的时候大约 19 岁。那时候，他正处于学生时代，他说自己过得并不充实，我想他也是在孤独中孕育了自己的创造力。

比如，写《孤独及其所创造的》（新潮社）的作者保罗·奥斯特就说过："**孤独可以把人的全部潜力发挥出来。**"写《罗马帝国衰亡史》的英国历史学家爱德华·吉本也说过："**孤独是天才的学校。**"

◎ 一个人想象是生存的智慧

不单是创造作品，一个人想象还可以带来另一个效果，那就是让自己在丰富的世界中活得更加自由。

比如《绿山墙的安妮》的主人公安妮，看到盛开的玫瑰花时这样说道："啊，有一朵小小的玫瑰花提前开花了。真漂亮。这朵花肯定为自己是玫瑰而感到开心吧。"

如果没有任何想象，那这不过是一处开了玫瑰花的风景。然而，如果对自己遇见的事物能有这样的解读，无论什么时候，遇到怎样的状况，都能感受到幸福。

想象力还有一个作用，**就是无论现实如何，凭着想象力**

也能让自己更积极地面对自己当下的处境。

前面讲的安妮，身为孤儿的她被人收养时，在约定见面的地点，领养父母迟迟不来，她是这样发挥想象力消解不安的，"如果今晚他们不来接我的话，我就沿着这条道，走到拐角处，爬上那里的一棵大樱花树，在那里睡上一晚。我一点儿也不害怕，披着月光睡在一片樱花中。那是多么美好的事情啊。"

如果是普通人，可能会想如果领养人不来，自己该怎么生活呀，于是陷入绝望。绝望过度，甚至会选择自杀。

自杀者对工作、金钱、健康和人际关系等未来的一切事物都持有悲观想法，其实也意味着他们缺乏想象力。

即便这种想象是在逃避现实，但如果拥有了像安妮这样的想象力，无论自己处于怎样的状况，都能做出正面解读，甚至可以维持自己的生命。

换句话说，**想象力可以说是一种生存战略智慧，一种终极技巧。**

◎ 对于优秀的创新者来说，社会性反而是障碍

在前面写到"我家孩子的发展障碍"时，我曾提到过，当我们查往昔的伟人和优秀企业家文献时，**包括先前提到的乔布斯和埃隆·马斯克等，有不少变革社会的创新者都是缺乏社会性的人。**

我们仔细想一想，正因为他们没有社会性，所以才会察觉社会的奇怪之处，产生疑问。正因为没有社会性，因此无论周围怎么说，都可以贯彻自己的想法来改变社会。

话说回来，所谓"有社会性"，其实就是让自己适应周围的环境，在团体中与人打交道的能力。社会性越高，就越不会做出让周围人一脸错愕的事情。

也就是说，**要想成为创新型人才，社会性也许反而是一种阻碍。**

法国小说家司汤达曾说："天才的特征是不会把自己的思考架构放在凡人铺设的轨道上。" 要想从人群中脱颖而出，也许强调社会性或协调性有多重要是一种错误的观念。

　　当然，如果行为举止太过缺失社会性，人们会不愿意与此人来往，反而会让其身陷困窘，但也没必要太过重视与周围的协调。

21

停止
~~找人商量后做决定~~

❌ **不能停止的人**
把责任怪罪在他人身上，中途感到迷茫

✔ **能停止的人**
对自己的决断有信心，能全力以赴

孤
独
力

● 人生中重要的事情由自己做决定

有些人利用休假去海外旅行时，突然对自己当下忙碌的生活产生了质疑，于是回国后就辞职了。据说这样的人还真不少。

这种情况，其实也是从日常生活中解放出来，不被任何人干扰，有了独自面对自己人生，并仔细思考人生的机会，不是吗？

人生的转折点肯定都是在孤独中决定的。

虽然也接受周围人群的鼓励与建议，但最后做决定的都是自己。

比如，学校的选择、职场的选择、在哪个领域发展、与

什么人结婚等，在做出这些决定人生方向的问题时，我们都需要深刻挖掘自己重视什么。然后，**跟随自己的内心，决定自己行动的优先顺序。**

即便得到他人的建议，如果不是自己内心所能接受的结论，在途中也会产生迷茫。让他人替自己做决定，当结果差强人意时，很容易产生后悔或责备他人的心理。可是，如果是自己思考后做出的决定，那就有自我责任意识，可以走上自己真正想走的道路。

这并不是某天忽然产生的想法，而是在日常生活中"啊，这个让我好开心""我在做这个时，感觉好充实"这些懵懵懂懂的体验中，一点一点得到加强的。

无论如何，可以说确定人生主题时，内省是必经之道。

◉ 为什么说"管理者是孤独的"？

"管理者是孤独的"这句话并不含负面意思，而是指一种自己把握一切主导权的状态。

因为管理者承担着所有责任，因此即便参考周围意见，最后还是要自己做决定。不管周围人怎么说"停下来""不要做""行不通"，都没关系。只要决定了自己想做，自己能行，任何人都无法阻止他们。

尤其是"创一代"出身的中小企业管理者，他们大部分都倾向于不与任何人商量，不听任何人建议。

正因为有着该事业中最优秀的眼光与判断力，才成为了这个组织的头领。因为在组织内部，几乎没有能超越他们思考和见解的人。

另外，正因为是靠自我意志做的决定，因此也能有很高的觉悟，保持很强的责任感和动力。

因为不须与他人商量，因此决定和行动也非常迅速。尤其是那些小企业，之所以充满灵活性，其实并不只是它们组织结构的原因，在这些方面也有原因。

也就是说**"管理者是孤独的"，指的是肩负最终责任的是管理者一个人，且他们都有这个觉悟。**

　　我虽算不上多么厉害的成功人士，但是无论跳槽、创业、新事业的开拓或撤退，都没有跟谁商量，都是自己做出的决定。

　　尤其是创业后，基本上没找任何人商量，都是自己在判断。如果找他人商量，会出现给出常识性意见或反对意见，再或总是指出风险和问题的人，很多时候反而会成为自己前进道路上的障碍。

　　顺便值得一提的是，大部分管理者都非常珍惜独处的时间，他们会利用独处的时间仔细思考经营策略。比如说，创建了微软王国的比尔·盖茨，据说一年里有两个星期的时间用来"发呆"。

　　在一流的商务人士中，不少的人也会租借工作用住所，或是去比较隐蔽的酒吧，确保一个人的时间。

◎ 害怕孤独的人察觉不到人生的转折点

　　另一方面，如果总跟别人在一起，与他人对话，或发邮件，或闲聊，用于重要决断的内省时间就会不足。

这其中隐含着风险，当重大的人生转折点降临到自己身上时，很可能无法做出决定。

内省不足的人，很容易将风险和不安过度放大。当然决断的基石是情感，把这个情感理性分析和构建，最后成为支持自己做决定的根据，如果做不到，那么你的思想会总是负面的，行动也更容易踌躇不前。

比如，每天我们都去公司上班，不用深入思考任何事物，时间也会不知不觉过去。不用自己思考这样那样的生活方式，也能暂时生活下去。

只要早上起床，去了公司就有工作等着做，做完工作，得到认可还有工资可以拿。回到家后肚子饿了就吃晚饭。感觉有点闲，就上上网看看电视，困了就睡觉，一天天就这样过去了。

没必要思考一天天该怎么过，也不需要确认自己的方向和未来，五年甚至十年转眼之间一晃而过。

一直重复这样的日常生活，**你无法意识到自己在无意识之间究竟错过了多少机会。**

本来有选择机会，自己却没有选择。本来有能做事的余力，却没有使出全力。

明明失败了也只是损失一点点而已，却因过度评估风险
而胆怯不前……

◉ 只要做成想做的事情，这就是成功

简单地思考，我们的人生其实就是早上起床去公司，完
成工作后回家睡觉，然后重复早上起床晚上睡觉。人生不过
就是从进入社会开始，一直重复这样的模式四十年而已。

可是，决定这样的人生能否幸福的差别，在于这段时间
里，你是否做了自己想做的事情。

**如果做了自己想做的事情，无论结果如何，无论存款和
收入多少，都可以称作成功。**

为什么？因为为了通过做喜欢的事情获得幸福，我们会
做出各种努力和忍耐。

相反，无论我们有多少金钱、地位和名誉，如果没做成
自己想做的事情，那也不能算作成功。**这不过就是为了赚钱，**

**为了储蓄，为了得到地位和名誉，牺牲和卖掉了自己醒着的
时间而已。**

即便在外人看来这是成功，在本人心中也会抱有深深的
惋惜。即便在看上去光鲜亮丽的娱乐界，也有很多人因为内
心伤痛而选择离开。

⊙ 写出"未来年表"，让自我检测更容易

因此，我们需要创造出回顾日常事务的时间。

今天的经历对自己有怎样的意义？与那个人的关系，希
望怎么发展？今天一天过下来，**是向自己理想的方向更近一
步了，还是更偏离了？**

没有跟自己对话的人，对于眼前的道路和未来的道路，
在他们眼中都仿佛笼罩了一层雾，因此感到彷徨不安，也因
此无法做出决断。

可是，如果直面自我，与自己的内心坦诚相待，就会像
大雾散开一样，看见自己的道路。自我信赖感和自我责任意

识也会萌芽，为你驱散眼前的雾霭。对当下的自我抱有信心，而且有勇气开展行动。

制造一个契机进入这样的状态，那就是书写在第二章中介绍的人生年表（第 58 页），然后把它粘贴在书桌前[1]。

在第二章中，我们介绍了试着去回顾"到目前为止的自己"，这次我们要试着描绘"从今以后的自己"。

哪怕是幻想也好，是梦想也罢，**把自己的想法写下来："多少岁的时候想要有怎样的状态""这个年龄想做什么"**。

然后，**你就会看到"那这五年我需要做什么？""今年我需要做什么？""这个月我需要做什么？"**如果能看到这些，就更容易养成每日回顾的习惯，更容易进行自我检测。

○ 人是在孤独中思考自己的存在方式的

自己是谁，自己能做什么，自己应该做什么，在面对孤

---

[1] 在本书的最后，附有人生年表，可以沿虚线剪下。

独时，人不得不直面这些问题。这种与自己的对话，有时会逼迫自己做出决断。

这时候，你与他人商量，或有朋友家人在背后支持，这些都不过是你的参考材料之一而已。

要自己构建出让自己接受的理由，之后才不会为这个决断而后悔，相反它会成为你向新方向前进的原动力。

但没有独自思考习惯的人，他们很容易感到不安，向朋友和熟人寻求帮助。可是，朋友和熟人无法对你负责，他们会说出一些"就这样不也挺好吗？""还是停止吧！"不痛不痒的建议，这真的是你所希望的吗？

越是优秀的人，越是一流的人，越会独自思考，独自做决定，做出类似不与人商量就突然辞职这样的事情。如前面我提到管理者时所说，因为他们有"自己是最终责任人"的觉悟。这不才算真正活在自己的人生中吗？

22

停止
~~逃避问题~~

❌ **不能停止的人**

无法挣脱恶性循环

✅ **能停止的人**

找到确切的问题，增强解决问题的能力

孤
独
力

◉ 所有烦恼都能通过自问自答来解决

我认为一个人能自问自答，是一种理想的解决问题的能力。自己设问，自己导出答案，如果能做到，那么在各种情形下，你都可以不依靠任何人克服困难。

自问自答的能力提高后，那些让你觉得有点难的问题与课题，你都可以通过其他角度来重新审视，从而修正自己解决的水平和方向。或者从根本上重新发问，"说起来，这个真的是一个问题吗？"进而消除这个问题。

通过这种内心活动，让自己想通，消除心中的不满、不安和烦恼。这可以说是一种极强的能力。

这种能力只有通过独自内省才能获得。如果跟别人在一起交谈，可能会因对方反应的变化而改变自己的想法，这样

你就无法与自己面对面。或有电视之类的外部刺激，分散了你的注意力，你的思考就容易停滞不前。或者一边上网一边看手机，这些情况下你都是没法自问自答的。

◎ 把主语换成自己重新说一遍

自问自答时，面对你的问题，把主语换作自己来讲述当下的状况。

比如，面对不合理的状况时，人容易被愤愤不平的情绪所支配。这时候，你瞬间跳出来，观察自己的情绪，"原来自己现在是这样感觉的。"

如果被焦虑、不满、愤怒等情绪支配，这样下去，自己的思考模式就容易陷入负面循环中，很难从中挣脱出来。

即便最初陷入了自己是受害者，责备他人和状况的情绪中，你也不用着急，只要意识到自己陷入了这种情绪中，然后分析这个问题对于自己来说是什么，对于自己有怎样的意义，自己怎样解读这个问题，这个解读方式是否有意义等。

在此基础上，**不要把焦点放在他人身上，而是放在自己身上，想着自己想怎样做，以第一人称来叙述这个事情，最后以"我想这样做……""我如果这样做，就会感到快乐"这样的语言结束。**

只要是与他人一起生活，总会出现让你生气和觉得不合理的地方。这时候，情绪不要被他人左右，而是要以支持自己的判断轴为根基。知道怎样收放自己的情感的人，能够坚强地生活。

◉ 问自己什么样的问题决定你居住的世界

另外，问题改变后，答案也会改变。你问什么样的问题，你选择的答案也会随之改变。

人生就是一个连续选择的过程，可以说不同的设问方法和内容，就决定了自己的世界。

然后，能够进行顺利的人、**幸福的人总是会问出好问题。如果能问出好问题，那么这个问题就能变成对自己更好的事**

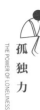

物，从而能够在更高的精神世界中生活。

在这里，为了能接近自己的本性，大家可以养成习惯性的提问方法。

- 为什么？
- 换句话说，这是什么意思？
- 真的是这样吗？
- 这个真的是本质上重要的事物吗？
- 根本原因是什么？
- 具体做什么才能做到？
- 怎么做才能感到更加幸福？

当直面问题，感到迷茫的时候，持续地重复这些问题，在大部分情况下都可以发现接下来展开的内容。

用这样的方式发问后，你就会发现自己感觉到的大部分问题，基本上都不是问题。

解放问题，接受问题后，问题的解决方法就不需要了。

比如，拿自己的例子来说，就是我发现白发增多，肚子周围赘肉增多。

这些都让我看起来更显老，如果我把这些当成问题，那就需要去解决，比如，我就得想"我必须减肥"。这里，我们就试着怎么把问题解剖。

"肚子开始长肉了。"

那紧实得像板状巧克力那样的体型确实很理想，但有了又如何？

为了恋爱的人当然可以，可是像我这样已经结了婚的人，有这样的身体想去向谁展示呢？我没有想展示的人。

为了去泳池或海边时向公众展示吗？可是，那些都是外人，我又不去搭讪，回到家后就忘了，关注这么多别人的眼光有什么好处？

我又不是模特和艺人，练得结实的身体能有什么好处？一文也赚不到吧？

而且，想吃的东西要忍住不能吃，想喝的东西要忍住不能喝，这样的生活快乐吗？

只要不是极端的肥胖，不达到损害健康的程度，也不会

存在当前的衣服穿不下了又得有新开销的程度。

享受美食是人生乐趣之一，没有逼着自我控制的压力能过得更幸福。

这样不就很好吗？

我就是这样，把很多事按照是否对自己有意义的标准解剖后，就不再是问题了，也就不再需要解决方法。

也许有人会认为我这样是在"自以为是地解读事情""逃避问题"。

可是，人们的烦恼基本上都是妄想。比如"如果发生什么怎么办"等，都是还没有发生就产生的妄想。或者"被人认为怎么样"等，也是自我随意产生的对"他人心声"的幻想。

● 烦恼不过是自己任性的妄想而已

当你意识到自己深信不疑的很多问题，其实都是毫无根据的妄想而已，那么很多烦恼都会消失，只留下真正需要解决的重要课题。

另外，所谓肯定现状，也与抑制自己的真实心声，勉强自己接受事实不同。

如果你本来觉得，减肥后自己能变得更有魅力，能得到更好的异性，可是因为觉得麻烦就不做，这才是逃避自己的本心。

或者，你本来觉得跳槽更好，可是又嫌跳槽麻烦，觉得有工作就是幸福，觉得维持现状就很好，为了避免烦恼而肯定现状，这种才叫作逃避，这样很难从本质上感觉到内心的安定。

不要逃避，相反要从正面面对问题。如果真的觉得需要，那就行动；如果没有必要，那就什么都不做。这是对真实自我的认可，这是活出自我的原动力。

23

停止
~~负面思考~~

❌ **不能停止的人**
在悲伤和痛苦的情绪中打转

✅ **能停止的人**
自己找出意义，无论什么困难都能克服

孤
独
力

○ 赋予经历意义，让其成为自己幸福的养料

在内省时，希望大家能养成的习惯之一，就是对发生在自己身上的事，试着去理性解读和理解其意义与原由，按自己的方式想通和接受。

相反，如果你不从结果和状况中找意义，那就会被"为什么只有我这样？""我都这么努力了还不成功？"等不满和失望的感觉所围绕。或者，你很可能一再重复同样的失败。

比如，大家经常会听到这样的故事。当一个人因工作忙碌不堪，最后身体垮掉，入院治疗时，他才开始了解休息的意义，才缓和了心中对工作滞后产生的焦虑，以及给公司添麻烦的内疚感。

即便遭遇失业、失恋这些事情，你也可以通过找寻类似

"我虽然不适合这个公司，但在其他地方还是可以发挥自身价值的""这次失恋是为了我今后遇到更好的人"这样的意义，让自己的痛苦得以减轻，同时恢复面对未来的积极态度。

不过，人都有思维惯性，不少人很容易陷入负面思考。遇到这样的情况，就需要直面自我，让自己内心更多的声音发出来。**只要你获得了积极找寻意义的思维模式，**在将来必须直面或遭遇旁人看来的不幸的事情时，你也不会感到身心受挫，能够跨越困难。

这样的自信可以减轻你对未来的不安，甚至让你无论在怎样的环境中，都能找到幸福，成为让自己感觉未来光明的原动力。

◎ 能赋予经历意义的人不是"他人"而是"自己"

上述的内省作业只有自己一个人做才能做到。

如果将这样的烦恼找他人商量，自己的经历就会被套入

172

他人的价值框架中。他人按照他自己的价值标准，给出建议"我觉得你应该这样做"，这样一来，就与自己诠释事物的方式产生了差异。

即便得到了客观正确的建议，当自己的想法无法得到共鸣，而是被迫接受其他的意义时，也就无法获得对自己能处理状况的可控感。

被他人附上非本意的意义，还很可能陷入不必要的反省、自我厌恶与挫败感之中。这里讲一个有点极端但容易理解的例子，曾经一段时间里备受关注的 STAP[1] 细胞问题。

无论 STAP 细胞再生的可能性多么渺茫，只要看到一次成功的可能性，应该也能鼓舞人们进一步研究，给研究者们带去成就感，让他们感觉在为未来医疗事业做贡献。可是，被社会的好奇和挑剔的目光审视后，情况就发生了变化。

就像新闻连载一样，项目被很多人随意评论为"骗人""造假"后，研究人员的情绪处理一下子没跟上，变得悲

---

[1] STAP 指曾在日本备受关注的由学者小保方晴子领导的万能型遗传基因研究。

观起来，觉得自己好像在做错事。据相关人士说，由此还出现了自杀和患上抑郁症的研究人员。

当然，我们的人生总会循环往复地受到他人的评判，很多时候也会因此感到喜悦。

但是，**没有比他人随意添加与我们本意背道而驰的意义，更让人感到压力的事情了。**为了排除这样的杂音，我们应该把发生在自己身上的事情，全部由自己来赋予意义。

不过，这并不是说，我们要无视他人的评价，也不是说要过于谦逊，而要为了让自己幸福，自己赋予自己的情感以意义，**自己控制对自我的评价。**

即便自己直面的事态和状况，并不如自己所期望，如果也能把它解读为有意义的经历，那你就能接受所有发生的事情，并把它当作自己成长的养料。

这样一来，当你接受了发生在自己身上的事情时，理想和现实之间的沟壑就会缩小，你也就不会产生悲观和绝望的情绪了。

⦿ 肯定价值观，寻找意义，
会带来"人生首尾连贯的感觉"

拿我自己为例，在事业顶峰时，我是一个拥有三个业务部门合计有三十多名员工的企业家。

可是，新项目进展不顺，加上雷曼危机的影响，导致我公司业绩不断恶化。这时，我在缩小组织和更新管理层方面的尝试也失败了，最后丢失了所有员工与资产，只剩下我孤身一人。

那时，我想把公司的经营委托给后来人，正做着交换的准备，可是这人却说我滥用公司的资金，还说我那个业绩迅速增长的发声训练部门，实际上也负债累累。

给他看财务报表也无济于事，他开始在细节上挑刺，比如指责我为什么交通费这么多。我让他别瞎闹，把心思放在经营业务上。但结果他还是中途放弃了公司，整个组织也随之瓦解。全体员工不是离开就是被解雇。最后全公司只剩下我一个人。

那么，这样的经历，我该如何为它赋予意义呢？

虽然，这是一个各方压力都很大的过程，但从我最初投资不动产的初心——"自由地生活"这一点来看，反倒是一件好事。

刚创业时，我聘用了很多员工，想要创造大量的收益，成为对社会有影响力的企业家，虽然我有这样的理想，但这不过是对周围人的炫耀和内心的虚荣而已，并不是自己的本心。

经营公司这件事，其实是有各种的制约的，需要办公室，需要管理员工等。想开展新项目时，当前项目员工也可能有反对意见，并不能达到自己所想的那种完全自由的状态。

其实，我想更自由。要达到这个目标，没有员工没有办公室后，反而没有了地点、人员及时间的束缚。

但是，我这样的想法与当时股东的意向大相径庭，因此导致了我们关系破裂，最后差点发展到诉讼的地步。于是，我决定买入对方的股份。现在想来，这场矛盾不正是为了我不受任何人影响，创造出自由经营的商业环境而出现的吗？

另外，买了股东的股份后，公司因为还有亏损结转[1]，因此还为今后节约了税金。因此，能以这样便宜的价格买回股份，岂不是很幸运吗？

我就像这样，把事情往自己的价值观上牵引，在其中寻找该经历的意义，重新组合排列，**感觉到状况和自己的意向一致，从而得到心想事成的实感。**

当然，这也有可能发展成不在乎结果，或自以为是的解读方式，只是单纯的自我安慰。

可是，**当你能把情况用自己的框架去重新解读，自己给自己的经历赋予意义后，这会给你的人生带来"首尾连贯的感觉"。**

通过这样把不悦的遭遇解读为成长的养料，可以消除悲观与后悔的感觉，从而得到满足感。

---

[1] 亏损结转是指缴纳所得税的纳税人在某一纳税年度发生经营亏损，准予在其他纳税年度盈利中抵补的一种税收优惠。

孤独力

THE POWER OF LONELINESS

第 5 章

读书

24

停止
~~茫然与不安~~

❌ **不能停止的人**
对一大堆未知的事情感到不安

✅ **能停止的人**
通过阅读获得知识，为自己的幸福添砖加瓦

孤
独
力

◉ 害怕孤独的人，总会对社会和人生感到不安

享受独处的方法，除了通过自省，直面自我，全身心投入爱好等自己喜欢的事情中以外，另外还有一个重要的方法。

那就是读书。

害怕孤独的人，重视与人的联系，总是在闲聊和 SNS 等社交软件上耗费大量时间，因此相对来说，读书的时间就会减少。

再加上不擅长直面自我，因此对自己和社会组织，自己与社会，自己与周围人的关系，无法有准确的理解。

人是通过把控与社会、与他人的距离和影响程度，让自己感觉舒适，从而获得内心安定感的。

可是，害怕孤独的人对于世界上发生的事情，及自己直面的事态，对自己产生的影响，缺乏相应的知识，因此常常对社会和人生感到不安。

"因为不太了解，所以感到恐惧"这种感觉就是这样产生的。比如，有些人突然收到莫名其妙的账单，就会感到焦虑，立刻付钱。

其实，只需知道那些毫无法律依据，放置不管，也不会发生什么，就不会感觉不安了。

那些"使用信用卡就会感觉不安"的人，实际上也是因为没有理解信用卡的使用规则，因此感觉信用卡不可靠。越清楚其中的利益和风险，就越能找到适合自己的使用方法。

同样的道理，对于社会上的事情，你了解得越多，就越能了解环境变化对自己的影响及其处理方式。知道了处理方式后，当自己直面环境变化时，因为你已经将处理方法了然于胸，不安的感觉也会随之减少。因此，**我们要多去了解世界的准则，想象其与自己人生的关联。**

这样一来，对于与自己不相关的事，可以不必在意，而相关的事情则可以用来帮助优化自己的行动。

为达到这个目的，**我最推荐的方法就是读书**。现在世界上几乎能找到有关所有人类活动的书，可以说，读书是了解世界性价比最高的方法。

另一方面，通过电视与新闻获取的知识并不充分。为什么呢？因为电视上的信息无关你的需求，播放后就消失，报纸上的信息也是碎片式的，进一步挖掘的深度有限。

● 知识让扩展到各个领域成为可能

在社会中或在你周围的人中，你会看到不分清"是善是恶""是敌是友""是黑是白"就觉得不解气的人。

本来，立场和视角变化后，事情的意义就会发生变化，很多事情其实是灰色的。可是，这些人却无法意识到这个"灰色地带"，这是因为他们信息的处理能力低下。

那么，他们的信息处理能力为什么会低下呢？**这是因为他们对于事物的评价标准和框架少。**因此，只能单纯地看事

物。当面对不单纯的事物时，他们会感到情绪上的波动，变得不安，想要准确地区分出黑白。

可是，**通过读书，你就可以拥有很多衡量社会的基准与框架**。比如"日本社会在这方面虽然做得不太好，但在另一方面还是很先进"或者"这届政府应对经济低迷的对策虽然没成效，但是外交上比上一届却做得更好"，等等，你可以通过多重观点来进行评价。

这样一来，你就不会陷入"日本不行""当下的政权不行"等视野狭小的两元论中，你就能找到其中做得好的地方，优秀的地方，不会产生对一切都不满和愤怒的情绪。

另外，当看到用 3D 打印机制造杀伤性武器的人被捕的新闻时，你不会很单纯地喊："活该，不限制 3D 打印的话，很危险。"而会从另外的观点来看，"既然能迅速且低成本做出物体模型，那么用在医疗和建筑领域，也许可以有其优势。"采用这样的思维方式，你也许还能发现商机。

换句话说，我们在第二章里讲过的人生年表，不但对于了解他人有用，对了解社会也是有用的。

● 测量的基准越多，
思考越柔软，内心越安定

不局限在政治经济领域，如果我们能对社会上各种对象使用模型，**把事情放在自己庞大的模型数据库中，那我们也能理解世界上很多事情。**

也就是说，**因身边发生的事情和变化带来的恐惧与不安也会减少。**

为达到这个目的，我们**要读很多书，了解世界运作规律，参加各种各样的挑战，不断了解这个未知的世界。**

不过，这样的模型，在当你越来越了解世界的同时，有时也会成为束缚自己的脚链。

比如，经济学是一门为了让人更容易了解经济框架的学科。可是，如果被它束缚，也会引发一些本末倒置的事情。

最近一次的英国公投、美国总统大选等，都出现了意料之外的结果，于是无法接受结果的人们出现恐慌。其实，我们不应该固执于"事情应该怎么样"，而应该在面对事情时，采取柔软的态度，这需要我们不断更新我们的模型。

为此，我们的态度不该是"我读过这方面的书，不用再读了"，而是面对同一个主题时，还会阅读别的书（或者网络文章），让自己能柔软地跟上事物发展的脚步。

25

停止
~~被信息牵着鼻子走~~

✕ 不能停止的人
　　被无所谓的信息所支配

✓ 能停止的人
　　利用重要的信息让自己幸福

孤
独
力

◎ 学习经济与法律知识，
有助于做出有利的选择

在前面的内容中，我介绍了读书这种利用独处时间的方法及其功效。那么我们应该阅读什么样的书籍呢？

当然，我们只需要读自己喜欢的书籍，不过我个人会挑选一些**与自己或家人幸福关联的主题书籍**来阅读。

比如，我会有意识地挑选经济、法律、健康相关的书籍阅读。

经济知识，包括上一章中所说的信用卡这种身边的例子，还有资产运用、海外投资、利息或税收制度、经济政策等，对家庭收入有影响的所有信息。

　　不用说，投资是我的必读内容，另外我对电子货币、外汇等信息都非常敏感。如果有一申请就能得到的扶助金、补助金等，只要我符合标准，我就会立刻申请。

　　因为我认为知道了这些信息，会让我在金钱方面有更多更好的选择，这会给家人带来更多幸福。

　　法律的知识，是为了避免让自己陷入不利的状态，规避风险。比如，不单是工作上的纠纷还有邻里之间的矛盾，有了法律方面的知识，也能减轻自己被迫接受不利条件的风险。

　　我之所以能不在意得罪他人，以强硬的态度应对，是因为我在一定程度上知道，在怎样的场面，我可以怎样起诉，我知道用什么材料可以获得诉讼胜利，或什么材料可能导致诉讼的失败。

　　当我了解了这些最糟糕的局面，对于大概该采取怎样的应对方法就了然于胸了。因为储备了知识，在面对纷争时，就没有了恐惧感。

　　在写这本书时，我正好在起诉某家企业，正因为阅读给我带来的知识积累，让我避免了被人家牵着鼻子走，撞得头

破血流，最后不得不哭着入眠的苦果。

◎ 一切的基础是"生命与健康"

尤其是即将迎来四十岁的现在，我更看重健康方面的知识。只有健康，才能参与各式各样的挑战，才能真正享受人生。

相反，**如果失去了健康，你所能做的事情将大大受限。**比如说，糖尿病恶化需要做人工透析，一周三次，一次两到四小时的治疗，一辈子都要一直持续，这样很多时间、体力、金钱都会被剥夺。光是住院就已经很痛苦，长途旅行等活动更不可能，生活的品质肯定会大幅度下降。

因此，我经常阅读身体构造和疾病成因等健康相关的书籍。而且，有了正确的知识，也不会为了所谓的"健康食品""保健用品"等无意义的东西耗费金钱。

与此同时，我也会关注有关伤亡事故的新闻。这是为了减少丧命的风险。看到这样的新闻，我不会只感叹**"啊，真**

是悲惨，真可怜"，而会常常分析，换作自己应该采取怎样的行动。

比如，在十字路口等红绿灯时，我不会站在最前列，而会站在人群稍微靠后的地方。这是因为我读过汽车偶然冲撞到十字路口的新闻。

我之所以不玩跳伞和潜水，也是因为我看过有人偶尔因此死亡的新闻。

不在河里玩或在岸边搭帐篷，也是因为每年都会发生很多这样的事情。河水突然暴涨，人没来得及发现就被水卷走了。

另外，我也不会去登雪山，夏天不会轻装就爬山，是因为我看到很多新闻报道，人在山中遇难后，不得不出动救援飞机，最后还得支付高额的救助费用。

想增加这样的知识，需要阅读大量的书本、文献、网页上面的文章。这样的准备工作，在与人见面或对话时是无法做到的，必须独自默默地做。

通过扎扎实实地掌握经济、法律、健康三方面知识，我

对于人生的不安全感基本上就消除了。

◉ 不要沉溺于信息的洪流中

另一方面，除了经济、法律、健康等方面的知识，我基本上都是浅尝辄止。比如，与运动或娱乐相关的内容，不知道也不会对生活产生影响，也不会让自己陷入不安或不利状态。同理，政治闹剧般的新闻我也会略过，只会关注有关政策方面的内容。

比如，宪法第九条[1]被修改了，但我又不是自卫队员，基本上对我没有影响。修改后，反倒能更好应对来自北朝鲜或其他国家的威胁。

共谋罪法案[2]成立，即便这会关系到自己的营私权可能被偷窥，但我没什么见不得人的信息，也没有不能为人知道的

---

[1] 日本宪法第九条，是《日本国宪法》（又被称为"和平宪法"）中著名的一条，主要内容是"放弃发动战争的权利"。

[2] 共谋罪法案：为配合国际社会的反恐步伐，日本接受联合国提议，制订称为"共谋罪"的法律。但遭遇舆论反弹，担心会造成过度监视，剥夺国民自由。

对话。

无论配偶者控除制度[1]如何变化，我家本来就不属于控除对象范畴，因此也不关我们的事。

像这样有了自己对于信息的独特选择标准，就能在得到必要信息的同时，避免被庞杂的信息所支配。标准当然因人而异。"生活目标是什么？""想拥有怎样的人生？"以这些问题作为过滤器，敏感地意识到我们的人生是由各种信息构建起来的。

---

[1] 配偶者控除制度是指妻子打工年收入在一定范围内的话，丈夫工资会减掉 38 万日元后再计算税金。日本是以家庭收入为基础征收各种税金。家庭收入达到一定值，税金随之发生变化。

26

停止
~~说"糟糕了"~~
~~"可爱"这样的词汇~~

⊗ **不能停止的人**
无法用语言表达不安与烦恼，无法解决问题

✔ **能停止的人**
语言的选项增多，人生的选择也随之增多

孤独力

◉ 为什么词汇增多,
"不安"的感觉就会减弱呢?

　　害怕孤独的人都不怎么读书。回到家后,他们立刻打开电视,或者取出手机沉浸在 SNS 或网络游戏中,再或者给某人打很长的电话,因为他们需要总跟他人连接在一起。

　　我之所以推荐读书,再次强调,是因为你阅读的书籍越多,你越能够了解社会中的规则和结构,就越能减少不安,看到希望。有了知识,你就越知道超越困难的方法,因此能消解心中的不安。

　　另一个理由是,**词汇量的多少与幸福感相关,词汇量越多,越能够感觉幸福。**

词汇是你思考的基石，可以影响你在大脑中思考的深度。当你在大脑中思考"这件事情原来是这样""这样做能行吗？"这时，如果你词汇量贫乏，那你思考时能表现的范围就有限。这样一来，你就无法针对各种情况进行深入细致的分析和思考。

相反，你使用的词汇越多，你能思考和说明的范围就越广，面对各种事情和情感时，你也能应对得更加自然。

也就是说，**你语言的感觉越敏锐，就越能感觉按照自己设想的方式在生活，而磨炼这种敏锐度的一种有效方式就是读书。**

即便是孩子，读书越多的孩子感觉越像大人，其中原因就是他们有更丰富的词汇量和表达方式，以此来理解自己与社会，他们更能够接收各种各样的事情。

比如，遇到烦恼和困难时，如果能准确地向父母说明，就更可能得到恰当的意见与支援。"为什么不理解我！""不理解我就算了！"这样任性的场面就会减少，情绪也更加稳定。

另外，面对学校老师说的话，你也能正确理解，从而抑制反叛心理。**词汇量越丰富，就越能将事情放入自我框架中**

理解与思考。可以说，即便是孩子也能获得内心的安定。

◎ 词汇量丰富后，情感处理也更容易

话说回来，为什么词汇量的丰富与否和幸福相关呢？

词汇越多，就越能将情感在心中用语言确切地表达出来。因此，就越容易处理自己的情感。

比如，那些不安、纠结还有隐约察觉的鼻塞感等暧昧的情感变化，如果能变成理性的语言，你就能明了自己当下的感受到底是怎样的不安了。

能明确自己的情感，就能明确自己的解决方法，或转变自己的思维方式，从而消解心中的不安。再或者自我接纳和化解不安。这是一种能快速处理自己情感状态的方式。

可是，**如果你无法用语言表达自己的烦恼，那就无法确定"烦恼的根源"**。原因一直恍恍惚惚，不知道怎么办的话，烦

孤独力
THE POWER OF LONELINESS

恼就会持续下去。

"虽然觉得自己已经尽力，但还是什么都进展不顺。无论怎样都感觉生活得很累很苦。"有这样感觉的人，是因为他们无法将自己的情感用语言表达出来，换句话说，是因为他们没法很好地理解和表达自己。

我们是通过语言来认识这个世界，通过语言来认识自己的。正因为如此，语言表达能力非常重要，语言表达能力强的人与语言表达能力弱的人之间，幸福程度有着天壤之别。

◉ 语言表达能力可以让内心安定

越年轻，越有很多人觉得正确的语言表达是一件麻烦的事情。

比如，"糟糕"这个词，在日本，除了它字面意思"糟了"以外，还表示"有趣""可爱""厉害""好吃""好玩"

等意思[1]。更有甚者，在表达"无聊""没办法"等相反意思时也使用，实在是一个非常方便的词语。

可是，某种意义上说，这是一种寄希望于他人理解自己说话意味的行为。同时，也是让自己从复杂细腻的情感麻烦中逃离出来的行为。无论如何，它都无法帮助提升表现力。

如果长大成人后，词汇量还局限在这种流行短语的便利表达中，就无法把自己的不安与烦恼恰如其分地表达出来，因此也很难在心中消化，以及思考解决问题的方法。

越年轻的人烦恼越多的原因，不单是因为他们缺少人生经验，恐怕也与词汇量较少有关。

◎ 语言能力就是沟通能力

当然，语言是人与人沟通的工具。

想与他人友好相处，想打动他人，想让自己被他人理解，

---

[1] 日本年轻人有用同一个词表示不同意思的倾向。作者认为这样会造成词汇量的贫乏。

这就需要语言能力。

这时候，**表现方式越多，就越能准确传达自己的心意。**能够用精巧的说法和比喻，去说服对方，让对方按自己的想法行动的可能性也越高，发生矛盾的风险也越低。

另一方面，语言贫乏就很难让对方理解，也很难打动对方。措辞的不当可能会带来紧张，相互的不满情绪也可能会增加。

另外，如果无法转换成让对方容易接受的表达方式，只把自己的想法随意表达，就很容易造成沟通障碍，还可能导致人际关系上的受挫。

一件事情要想让对方更易理解和接纳，需要在表达方式上下功夫，整理后传递给对方。可是，**有些人因为没有表达方法，一不小心就踩到地雷，激怒了对方。**

换句话说，越是词汇量有限，文章构建能力低的人，越难准确地理解对方所说的内容，更无法将自己的想法通过语言表达出来，因此感到纠结不安，变得很易怒。

很典型的台词就是"唠唠叨叨的，烦死人了！""别说了，烦人！""无所谓""别管我"等。

这些台词在骂人的时候经常会出现。因为词汇量少，在骂对方的时候也表现力有限，最多会说"烦人""笨蛋""你这家伙""丑女""胖子""秃头""狗屎"等。

可是，如果词汇量大，就能想到彻底羞辱他人的话。

"真不像是成熟的大人说出来的话。"

"从有缺憾的脑袋里，看来只能想出有缺憾的想法。"

即便话不用说到这个份儿上，但也能说得带劲儿，不是吗？

◉ 自己使用的词汇会变成自己的人生

世界上有积极语言和消极语言之分，选择怎样的语言，是本人的自由。尤其是在言论自由得到充分保障的日本，除了带歧视性的语言外，什么语言都可以使用。

于是，**使用怎样的语言，都是使用该语言的本人做出的选**

择，这个语言带给周围人的反应也由此变化，构成自己的人生。

总使用积极的语言，其思维方式就偏向积极方面解读，有相同想法的人也会聚到身旁；而如果用消极语言，面对事物就会朝着消极的方面解读，同样想法的人也会汇集。这些将决定一个人的人生方向。

也就是说，**所谓语言的选择，就是思索自己想以怎样的方式展开自己的人生**。选择怎样的语言生活，这个选择将构建自己接下来的人生。

因此，你需要拓展更多的语言表达方式。**当你语言的选择面变广后，人生的选择也会随之增多。**

我有时会遇到一些不擅长使用敬语的人。其实，他们只是在心中没有想对对方表示敬意的心意而已。

如果有想向对方表达敬意的心意，你就会很敏锐地倾听周围人使用的语言及表达方式，然后试着模仿，从而达到能使用和掌握的状态。

因为没有学，因为没人教，所以不会用，说这种话的人，其实本身只是不感兴趣而已。**语言方式反应了"这个人"本身。**

◉ 不读书的人在知识上有惰性

我曾经在某本书中读到"懒人房间里没有书",还记得每读到这句话,我都莫名地觉得说中了要害。

读书时,感觉除了自己所生活的日常世界外,还有更宏大的世界存在,你会意识到世界上有各种各样的生活和思维方式。

可是,如果不知道自己的人生中有无限选择权,就根本不会想到,在怎样的场景下该做怎样的选择对自己有利,或怎样才能回避风险。

这样的人,就像在漫画或电视剧里出现的手工艺人一样,认为"我头脑不太灵光,所以只能做这个",把自己的人生凝固在狭窄的框架内。

当然,因为不知道还有其他生活方式,所以也无须做过多的挣扎,或许也可以把这解读为一种幸福。

可是,**好不容易得到了选择权,却故意放弃这个选择权,不觉得非常可惜吗?**

27

停止
~~固执于自己的想法~~

❌ **不能停止的人**

　　只是缅怀过去的经历

✅ **能停止的人**

　　能为过云的经历找到意义，面向未来

孤
独
力

● 通过读书给自己的过去赋予意义，
活用在自己的未来

　　我之所以读书，并不单因为自己是作家，而是我本来就喜欢读书。

　　读书带来了未知世界及不同的思维方式，由此产生的心动，还有好奇心得到满足的感觉，这些都是让我爱上读书的理由。可是，现在基本上得到了自己理想的生活，能靠自己的力量消化不满与不安后，**读书就不再是为了得到知识，而是想把书中的内容与自己的经历对比，从而找到自己经历的意义，**得到满足感。

　　举一个最近发生的例子，之前从医生口中听说，我儿子可能有先天发展障碍，于是我就读起了发展心理学的书籍。

　　读了关于幼儿期教育的书后，我忽然想起父母为自己做过的事。于是，我把目光从书本上移开后，陷入了这样的思绪。

　　母亲非常尊重我，她接纳我所说的一切。于是，我由此获得了安心感，觉得只要按照自己的决定做就可以。这种感觉构成了我现在情绪稳定的基础。

　　刚上中学时，我曾经反抗过父亲。那时为了升学的问题，父亲想把他的价值观灌输给我。所以，我为了从父母的价值观中逃脱，按照自己的价值观生活，于是就以叛逆的形式表达了出来。

　　母亲也接纳了这样的我，对我表示理解。虽然那时我家并不富裕，但我想要的东西，她都给了我。我想她肯定是悄悄这样做的，因为当时我们家有三个孩子，现在想起来，那时家庭经济上应该是相当困难的。

　　对于我想做的事情，她从没有说不，也从不把任何观念强加在我身上，这样的母亲对我来说是唯一的救赎，现在想起来，那真是非常棒的教育。

　　后来，父亲也没压制我这个不听话不跟他说话的孩子，而变成默默守护我（也许只是放弃了控制）。担心我或找我有事时，他不会直接找我，而会通过母亲向我传达，这样的关系一直持续到我高中毕业。

后来，我高中毕业后就离开了家，去了东京。

父母的表达方式虽然不同，但现在想起来，他们都是爱我的，精心地呵护我长大。因此，我也希望让我的孩子感受到这样的安心感，感受到满满的爱。至于克服学习障碍的问题，晚一点儿也不迟。

我沉浸在这样的思绪里，发了三十多分钟的呆。

停下来，我才发现，看到我拿着书一直望着天空发呆的咖啡店店员满脸惊讶地从我身旁经过。

● 通过作者的思考框架来审视自己的经历

写了这么多，其实我想说的就是自己的经历虽然只是自己的经历，但透过书本得到的作者的思考模式，可以帮我们重新审视自己的经历。由此得到教训和反思，并引出更多对

未来的思考。

如果我不是因为阅读发展心理学的书籍，想起了自己的过去，也许就不会那么深切地感受到父母对自己付出了伟大的爱。对于父母的回忆，也许就不会成为我学习的借鉴，而只是以记忆的形式结束。

不要让经历仅成为经历，不要让记忆仅仅是令人难忘的记忆。自己经历过的事情，在人生中碰过的壁和逆境，肯定有它们的意义。

为经历寻找价值，能让其成为未来前进的力量。能做到这一点，也是因为自己通过读书，获得了新的思考模式和认识事物的思维习惯，这正是读书的一个巨大的魅力。

28

停止
~~害怕变化~~

❌ **不能停止的人**

　　找不到弥补的方法，只能后悔

✔ **能停止的人**

　　能够拥有没有遗憾的人生

孤
独
力

◉ 思考"如果是自己会怎么做"
的模拟体验式读书

我不推荐大家只读那些实务或理论型的书籍。比如通过阅读小说或轻小说漫画等,体验实际生活中没有遭遇过的场景,思考"换作自己会怎么做",就仿佛经历了大量的人生一般,可以培养多重思考模式。

通过将情感带入登场人物,模拟他们的人生体验,这种思考模式的阅读可以帮助我们避免有遗憾的生活方式。

比如,当下不断增加的终生不结婚现象。

当然,如果是按照自己的意志选择独身,这不是问题。一个人确实相对来说比较轻松,不想跟自己不喜欢的人将就着步入婚姻，这样的想法也理所当然。

可是，自己的价值观是会发生变化的，因此我们需要做好思想准备，想象未来自己的心理，是否也能接受这样的转变。

在女性中常见的模式是，她们非常拼命地工作，等回过神来发现自己还是独身，考虑到年老后的事情，就会感到非常不安和焦虑，可是已经错过了结婚和生育的绝佳年龄。

年轻时，比如说应该二十几岁后半期结婚，三十岁前半期生育两个孩子，可是等她们醒悟过来时已经三十几岁了。"不应该这样啊，应该早点结婚的""应该早点生孩子的"，好像这样悔恨的人不在少数。

● 提前知道"他人的悔恨"

当然，我们并不知道自己的价值观会发生怎样的变化。因此，我们需要阅读大量的书，提前知道"前人的悔恨""他人的人生"。

比如，常有的悔恨是青春短暂，高中时该多玩耍等。这

些听起来都理所当然，但身处其中时，自己却并无意识。

正因为如此，那种将自己置换到他人人生和悔恨中的想象力就非常重要，而让你拥有这种想象力的一个方法就是读书。

◎ 比起接收信息，更重要的是 "加工信息的切入口"

并不是阅读大量的书就够，也不是说输入量越多，输出的质量就越高。

如果说越接触各种信息，就越能拥有高价值的输出，那比起繁忙的商务人士，每天专心读新闻和长时间看电视的高龄者应该更优秀才对，然而并不是这样。

不管接收多少信息，如果不经过自己的加工，这些信息都没有价值。相反，即便输入量不多，但通过思考寻找意义，也有可能创造出价值。

比如，曾经我们从挖掘出的原油里，只提取出石油等几种原料，然后就将剩余部分丢弃。

可是，在精制技术发达的现代，剩余部分还可以提炼出塑料、树脂、橡胶等，几乎所有成分都可以得到利用。

像超市购物袋，也使用了曾经被丢弃的原油成分，可以说是非常有效的资源利用。（甚至还引发了这样的讨论，如果因为减少购物袋的使用，导致原本得以有效利用的原油垃圾不得不丢弃，这到底对于环境来说是好是坏呢？）

也就是说，随着精炼技术的提升，同样的原油中得到了越来越多的副产品。

信息也是同理。提升洞察信息、加工、编辑、收获教训的能力，可以获得除了字面意义外更多的副产品。

曾经那个未成熟的自己，只能从一个信息中提炼到少许意义与启迪。可是随着思考水平的提升，提取信息的视角也随之增加。

比如，不只是从消费者视角，还从供应商视角；不仅从男性视角，还从女性视角。成人、小孩、学生、社会人、日本人、外国人、公民与执政者等，同样一个信息，可以从各种各样的切入口来解读，赋予其不同的意义。

29

停止
~~阅读与自己~~
~~相同价值观的书~~

✕ 不能停止的人
立场不坚定，容易动摇

✓ 能停止的人
让自己的观点有强大的依据做支撑

孤
独
力

◉ 吸收与自己不同的价值观

读书的功效之一，是**可以让自己的思考层次和判断基轴得到提升（阅读娱乐书籍除外）**。因此我们要吸收与自己不同的主张和价值观。

比如最近的《我不生孩子的原因》（Kanki 出版社）这本书，里面写了不生孩子的原因，对女性承受生孩子的社会压力提出了质疑，甚至研究了想要孩子的人的理由等。

我一边阅读这本书，一边回顾自己决定要孩子的依据，越来越觉得还是有孩子好。

我意识到自己对孤独有很强的耐性，并不是因为寂寞要孩子。另外，我也不觉得"婚后就必须有孩子"，不是因为周围的压力和社会舆论做出的判断，也没有过因为害怕断绝血

缘而生育子孙，或想要自己的分身之类的想法。

◉ 想要孩子的理由，不想要孩子的理由

我想要孩子的理由，是单纯地觉得有趣。只是自己想要享受其中的乐趣而已。

孩子婴儿时期，他们非常可爱，让我感觉像在养宠物一样；等他们长大后能听懂父母的话，看到他们越来越能做更多事情时，我会感到很高兴；一家人一起去游乐园和动物园，看到孩子快乐地奔跑，会有一种说不出的幸福感。

而且，大部分情况下，孩子会孝顺父母。祖父母看到孙子们的成长比我们还开心，因此逢年过节，带孩子们回家一起快乐过节，也是一大乐事。

有些人说"有孩子不自由"。的确我也有过这种感觉。

可是，当孩子开始上幼儿园后，时间、活动范围和金钱等就没有被束缚的感觉了。

虽然，前提条件是"进入幼儿园之后"，但我并没觉得

有小孩了就得忍耐，即便有了小孩也可以一起去海外旅行。孩子白天去幼儿园的期间，我们夫妻二人还可以享受豪华午餐。

当然，晚上外出还是需要控制，生活得让孩子优先，可是，这种宁愿放弃自己的生活方式，为孩子做事情的想法和感觉，**不是自我牺牲也不是其他，而是跟"想为喜欢的人做点事情"是同样一种情感。**

虽然有些人觉得"我要做的事情很多，没有时间花在养孩子上"。但我的真实感受是，**当你有了孩子后，反而时间管理变得更好了，同一时间可以做的事情更多了。**

比如说，在职妈妈们，她们要在有限的时间里又做家务，又育儿，她们得计划好这个优先顺序，做还是不做，做到什么程度，自己做还是交给别人做，在各种各样的选择中做出决定。可是，如果没有孩子，她们也不需要那么拼命思考了吧。

也有一些人，他们觉得养孩子很难，因为需要花钱。的确，养孩子会花费不少，但小时候的开销并不大，儿童补贴基本上也够了。上学后，如果进入的是公立学校，开销也不

大，比起这种程度的开销，通过养孩子获得的乐趣更胜一筹。

而且，我的妻子在孩子出生后，收入反而增加了。就像"明星妈妈"一样，因为有孩子后能聊的范围更广了。另外，沉稳的态度可能也有正面效果。

我自己在阅读各种育儿方面的图书时，也感觉更愉快了。当学习的主题变得更丰富时，我的求知欲也得到了刺激，心中充满了欢喜。

还有一种声音说："在动荡和不透明的社会环境中，孩子的将来充满了不确定性，不应该不负责任地生育孩子。"

可是，无论怎样的环境，即便在育儿上有疏忽或偷了懒，孩子照样能长大。与有战乱纷争的国家不同，在当下的日本，不会因为社会状况的原因造成孩子的不幸，也不需要逼迫自己成为多了不起的父母。

生育孩子的责任、养育孩子必须这样做、成为父母必须那样做，人们可能有这些先入观念。可是，**我觉得这些人把养孩子这件事想得太复杂了。**

● 质疑被植入的价值观

当然，我并不是在批判没孩子的人，也并不是说有孩子对所有人都是一件好事。

我只是说亲子关系和家庭关系可以有多种形式，自己按照自己理想的生活方式生活就好。

可是，如果因为社会上的固定观念与成见，造成了毫无根据的不安与踌躇，那就非常可惜。

当深入自己的内心，问自己为什么想要孩子时，我发现了一些东西。

我想我之所以想要孩子，**是因为想要这种毫无利害关系，不求回报，可以纯粹注入自己情感的对象，想要这种自己的情感可以传达的实感。**也或者我想要获得给对方倾注情感的这种满足感。

可能也有自我满足的部分，就像独身女性养猫一样，理由不单是治愈，还希望可以有守护对象，希望有自己存在就可以保护的生命，想要有这样的支配感。

或者**像曾经流行的"宠物精灵"游戏一样，人们都有**

"养育"的欲望，有看到成长的姿态就会感到高兴的本能。

这样说来，生儿育女是追随着自己的本能在行动，追随着本能生活，也就是说，其实是在"自由"地生活。

虽然如此，我感觉这种情感却不会向外人展露。**因为这种情感的产生，需要长时间的倾注与积累。**养子是特例，其他的孩子也是，特别是那种只是偶尔才见到的关系，想要积累的实感很难。这种非常片断性的，我很难有干劲去把对方当作自己倾注感情的对象。

尽管如此，我并不会太过执着于血缘关系，不赞成"因为是家人"就去依靠对方，希望孩子给我养老。在我家，我打算等孩子成年后，就把他们赶出家门，让他们自己独立生活。

话说孩子是父母的履历书，这种说法不无道理，但孩子还是与父母不同。成人后可以自己选择生活方式，以后的人生就与父母没关系了。如果需要建议，当然也不会拒绝，但最终做决定的还是自己。**孩子有孩子的人生，作为父母的我们也有自己的人生。**

像这样摒弃育儿的先入观念，乐观地思考后，你会发现没有比育儿更快乐的娱乐活动了。如果把育儿作为夫妇二人的共同爱好，那相互协作扶持，育儿岂不是成了良好夫妻关系的纽带了吗（也许）？

● 对自己的生活方式更自信的读书方法

像这样，通过分析作者的价值观，作者指出的担忧、不安、风险等，再通过回顾"为了自己有与作者不同的观点，做了怎样不同的行动"，就会发现原来自己是这样做的，可以使自己判断的根据更加有力。

这样一来，对于自己的选择和生活方式会更自信，可以过滤掉看不见的社会压力和风潮，即便被外界质疑，也能毫不动摇，活得堂堂正正。

只是因为与自己的想法不同，就对对方产生反感，产生反抗，这样读书的意义就没有了吧。

但世界上这样的人却很多，看线上书店的评价栏和博客中的书评，你就可以看到不少过度评判他人著作的人。

他们通过这样的方式，亲自证明了"自己是无法从书本中学到东西的，学习能力低下的人""自己的脑袋混乱，无法接受不同的价值观，是一个肚量小的人"，我觉得这是非常羞耻的事情，而他们本人却根本没有意识到吧。

在我家里也是这样，我总是说："不单是不要非议书本，也不要去否定和非议他人。如果有不满，那就去分析。"

比如，我们会让他们这样思考："那个人的问题是这样，所以那样做应该会有更好的结果""作者虽然这样说，但可能他有这样的理由"。

孤 独 力

THE POWER OF LONELINESS

第 6 章

家庭

30

停止
~~期待对方给予幸福~~

❌ **不能停止的人**
遇不到优质异性，无法建立良好的关系

✅ **能停止的人**
能与对方构筑良好的关系

孤
独
力

◉ 孤独力提升后，婚姻也变得顺利

我认为，孤独力强的男女，他们的婚姻生活也更加美满。

独处时能过得舒服的人，与他人一起也能过得舒服。

这与能否给予对方理解、体谅与宽容相关，因为他们能制造出彼此感觉舒适的距离。

即便与自己的价值观不同、与自己的生活方式不同也没关系。不会因为自己单方面意愿就强行进入对方空间，也不会过度保持距离。

他们知道如果干涉他人，自己也会被他人干涉，因此他们能承认他人的价值观，不会轻易干涉或肆无忌惮地跨入他人的领域。

正因为知道私人空间和时间的重要性，因此也能体谅他

人的时间与空间。这是能享受孤独的人才能获得的心境。

● 害怕孤独的人向对方强行要求关联感，
损坏关系

然而，越害怕孤独的人，越是对他人与自己之间的距离感到迟钝，很容易无法宽容他人。

因为不认为孤独可以带来内心的充实，**因此会用自己的价值观横冲直撞地闯入他人的私密空间中。**

比如发送信息后，显示对方已读，但自己没收到回应，就会暴怒，"为什么不回我信息！"这种人是非常典型的例子。对方有对方的情况，但他们无法想象对方因忙碌而无法回信的情况。

这样一来，对方会感到不愉快，也会觉得"这家伙真烦人"。

另外，因为这种人无法承认"自己是自己，对方是对方"的多样性，因此对恋人和配偶，他们也要求对方跟自己一样的心理和思维模式。

当对方不采取自己想要的言行时，他们就会抱怨："明明我们是夫妻，你都不理解我。明明是家人，你们也不理解我。明明是恋人，你们也不理解我。"

"为什么不理解我?""为什么不理解我?"总这样抱怨的人，有一种傲慢，觉得对方应该体察自己的情绪。对方又不是超能力者，这样只会产生越来越多的争吵。

● 有孤独力，即便结婚也不会失去自由

有人认为成家后，自己就会变得不自由。而我正好相反，**想一个人时就能一个人待着，想一起时也能相处，这样的婚姻生活，我感觉可以说是拓宽了生活方式的选项。**

比如，我和妻子有各自的工作，兴趣爱好也不同。所以，平日里都各自生活。不过，我们也有共同从事的工作，也经常一起讨论。

另外，家务事也按照一定比例共同分担，养孩子也考虑

孤
独
力

THE POWER OF LONELINESS

到彼此的日程相互协作。

一方因工作忙碌或伤风感冒卧床不起时，另一方就能提供支持，一个人能力有限时就能彼此相互照应。

晚上虽然并不一直能全家人聚在一起，有时候我在看动漫时，妻子正好在工作；我在书房里看书时，妻子在跟孩子吃饭。

也就是说，**即便是夫妻，还是能允许各自拥有自己的世界。因为能一起协作，这成了单身时无法比拟的优势。**

当然，世界上有各种各样不同的家庭关系，我和妻子的关系之所以能这样，也跟我们各自都是企业主的身份有关。

另外，我知道也有很多人并不认为结婚就是幸福。可是，不幸的夫妻关系有很多原因，要找出解决方法，自信地回顾自己的言行，这种内省作业不可或缺。

比如前面说到的**"为什么不理解我"**的情况，这时，你就可以倒回去思考**"自己想要对方理解，具体做过怎样的努力？"**

228

然后，思考采用怎样的说法才能传达自己的想法，让对方理解。试着告诉对方，比如，"你这样说会让我感觉受伤，你换这个方式我会很高兴"等。实际生活中，当你使用了这样的技巧后，观察对方的反应，可以为下一次的沟通积累经验。

这样一来，你就能发现自己的哪种对应方法可以帮助解决问题，以此不断调整自己的对应方式。

● 无法自立的人，会吸引同样无法自立的异性

一个人感觉寂寞，为了掩饰这个寂寞，于是选择恋爱和结婚，这样会让人感觉更加孤独和寂寞。

无法忍受孤独的人，往往自我肯定感很低，无法自立，这样的情侣组合会成为相互依存的关系。

尤其是男性中，我们经常会看到那种爱说教、发号施令的大男子主义类型。

他们就是对自己没自信，因此需要控制比自己弱的人，以此让自己感觉有能力。

在优秀的人中，相对来说他们处于弱势，很容易失去自信；但一旦处于比自己弱的团体中，相对来说他们就变得优秀了。这就是一种通过对比得到的自信。

因此，他们是通过支配比自己弱的人，得到一种感觉自己强大的自信。

但这种人不会接近自我肯定感高的独立型女性，他们也接近不了。**当威风凛凛的女性出现在他们面前时，他们本能地意识到自己无法支配这样的人，于是会变得卑躬屈膝。**

当与比自己更自立的人在一起时，他们会感觉自己是个渺小卑微的存在，这样的感觉会让他们感到害怕，由此选择避开这样的人。

另一方面，当自我肯定感低的女性在他们面前时，他们的自信就猛然苏醒，开始采取猛攻策略。

女性也是如此，偏偏就是自我肯定感低的人，会感觉这样的男性可以依靠。她们的心理需求是希望自己被需要，希望自己的存在价值被确认，因此看不穿对方虚张声势做出来的假象。

这样一来，总是同一种男性靠近她们，她们也总喜欢上同一种男性，苦恼于同一种男性。实际上这就是一种依存关系，匹配程度还很好。

想从这种负面漩涡中逃脱的话，我再次强调，你需要从自身寻找和分析原因。**为什么自己需要这样的男性？或为什么有这种男性接近自己？当你知道了原因后，才能采取对策。**

然后，整理自己目前为止交往过的性格类型和行动类型。还不能夸大地强调对方的优点，而是下功夫观察对方，"对方到底是怎样的人？"

◉ 不要想着让对方给你幸福

另外，有些总不结婚的人还希望从对方身上获得幸福。这在对方看来就是危险信号，很容易选择逃避这段关系。

比如，以前我认识一位四十多岁还在找对象的女性，她希望对方的年收入在 1500 万日元以上，长相也不错，可最后还是没能如愿。用框架挑选对方，对方当然也会有这样的要求。

对方收入多当然很好，年收入高的人能力也相对更强，也就是生存能力更强，因此，喜欢这种男性，某种意义上可以说是女性的生存本能。

可是，不顾一切要求高收入的背后，有可能包含着希望用对方的钱让自己幸福这样一种自我为中心的思维方式。

用他人的钱让自己活得好，有这种想法的女性依赖性很强，如果对方靠谱，容易敏感地感受到，从而离她们而去。

尤其，人随着年龄的增长、经验的积累，越来越能看到各种属性。学生时代结婚的人没看到的那些属性，比如对方的工作单位、立场、积蓄及收入等，年长后结婚的人都会放入考虑范围内。

可我们并不是与职业和立场结婚，当对方无法满足我们的期待时，我们就会感到不幸。

比如，那些与企业家结婚的人，本以为经济上从此高枕无忧，可是丈夫的公司突然倒闭，变得一文不值的事情，也屡见不鲜。

这时，妻子的抱怨常常是，"变成这样子真不幸，自己太可怜了。"这种只看到自己，不想一同携手渡过难关的自我为中心的想法，可以说其实丈夫才是那个可怜人。

我感觉，**其实女性最好选择那些自己愿意让对方幸福，无论在怎样的状态，自己都愿意与他携手并进的男性。**

31

停止
~~以利益得失看待婚姻~~

- ❌ **不能停止的人**
  遇不到好伴侣

- ✔️ **能停止的人**
  以给予的姿态获得幸福

孤
独
力

● "收入少就无法结婚"

男性最容易产生的一种误解是"储蓄和收入少就无法结婚"。

如果有这样以收入和存款为条件的女性出现，她没有选择你，你只需要这样想："她也并不是有意与你相互扶持的人，这种高风险的婚姻总算是规避了。"

男性本能地会向女性寻求母性温暖，女性会寻求爱护珍惜自己的人。当然，我并不是说收入多少无所谓。我想说的是，比起金钱，更重要的是关心和照顾女性的那颗心。

因此，**"结婚后，自己的金钱和时间就不能自由使用了。"有这种以自我为中心想法的人，不会有靠谱的女性愿意靠近他们。**

　　另外，女性感觉男性有魅力的另一个要素，是男人认真做事的姿态。大部分人没有追逐的梦想和目标，处在一种没有拼尽全力的状态中。**因此，那些忘我地为目标而努力的人看上去就熠熠生辉。**

　　尤其是三十岁之后，生活的面貌会呈现在神态里。**精神上自律的女性，比起容貌的美丑，她们更能通过神态判断男性将来是否有发展潜力。**

　　相反，那些应付了事，很快放弃，不断抱怨的男性，就意味着捕猎能力差，保护家族的意识弱。换句话说，就是生存能力低下的人，女性会本能地逃避他们。

● "结婚感觉不到获利，因此不想结婚。" 这种人人际关系浅薄

　　故意不结婚的人群有一个典型特征就是"感觉结婚没有什么好处"。**以利益得失衡量结婚的人，总期待着从对方那里得到什么东西。**

然而，婚姻的基础是对另一方的爱慕与尊重，甚至可以说是自我付出，而没有付出想法的人，可以说根本不适合婚姻。

例如，父母不计利益得失地关爱孩子。即便自己没钱，没时间，他们也会全力以赴地照顾孩子。他们怀有满满的献身精神。

大人也是如此，如果真正恋爱，也会满怀对对方的爱意。**自己爱对方，对方也同样地爱自己，这种相互信赖会带来满足感与安心感。**

当然，这种感觉并不能一直拥有，因为彼此是在不同环境中成长起来的人，一起生活免不了出现各种矛盾。有时免不了需要迁就与忍让。

即便如此，心底有爱的话，很多情况下也能彼此宽容，互相沟通后一起寻找解决的方法。

可是，将焦点放在是否对自己有利上的人，他们的思维根基是只要自己好就好，这种人很难感到以上所说的幸福感，交往时实际上内心也常常是空虚的。

因为内心空虚，因此无法认真喜欢对方，不时还会怀疑自己是否真正喜欢对方。这种情况，其实有可能是本人没直面自己的内心。可能他们即便独处，也总把时间花在上网、游戏、SNS 等上，或忙于工作，缺少了内省的时间。

有数据说，**已婚人士比单身人士年收入高**，我想这其中会不会有"给予的姿态"的原因呢？还是我想多了呢？

32

停止
~~问孩子：~~
~~"交到朋友了吗？"~~

❌ **不能停止的人**
阻碍孩子的自我成长

✅ **能停止的人**
尊重孩子的个性，促进孩子的成长

孤独力

◉ 孩子独处的意义

跟大人一样，对孩子来说，在生活中拥有独处的时间也很必要。

孩子的孤独，对于他们面对自我，发现自我，是不可或缺的条件。因为只有一个人的时候，心灵的成长才会发生。

如果人一直不断地接受外界刺激，为反应外界刺激而耗费巨大能量，那他与内心的对话，由此产生想象力或创造力，把经验转换为智慧的过程将会受阻，这样一来，他的精神渐渐地也会停止成长。

正因如此，有些补习班排得满当当的孩子，才会出现精神状态不安定、容易发怒的情况。

如果小时候与自己对话时间过少，就无法准确把握自己与他人、自己与外界的关系和距离，出现前面所说的围绕孤独产生的种种问题。

艺人也是如此，那些风靡一时的童星，之所以后来出现衰落的迹象，除了因为其成长环境都是大人，与年龄相符的精神成长没跟上以外，在娱乐界这个刺激源源不断的环境中，他们没有内省的空闲，导致他们没练就出自我力量来探寻自我发展的方向。

● 孩子也有"留白"的必要

为了准确认识自己和自己所在的世界，你就需要内心的成长，需要形成自己的思考模式和判断标准。而且，你需要隔断外界刺激的"留白时间"。

其实，幼小的孩子有时也会一个人静静地玩耍。

的确，小孩子用在防御外界刺激上的时间，比在旺盛的好奇心驱动下探索世界的时间更长。

但是，为了在心中仔细品味自己的所见所闻，他们有时

也会停下脚步发呆。

这时，大脑会区分自己接触到的刺激，组合排列，形成新形式的认识。这个过程不是有意识的，而是在无意识之间进行的。

比如，小时候一个人去公园草地上发呆，我想很多人可能都有过这样的体验。

清爽的微风，湛蓝的天空，哗啦摇晃的树木，全身心投入到自然中，各种思绪在脑海中流窜，感觉此时此地，自己活着，身处大地的怀抱之中。这种与世界融为一体的感觉，自己的存在感，即便是孩子，也能感受到自己内心的充盈。

● 孩子的创造性在独处时得到增强

另外，**对孩子来说，为了不在创作活动的中途被打断，他们需要大块时间段。**因此，典型的儿童创作游戏，像黏土和积木等，即便周围有其他孩子，他们还是能一个人不受干扰地玩得专注。

达·芬奇、艾萨克·牛顿、托马斯·爱迪生、阿尔伯特·爱因斯坦，这些伟人也喜欢孤独。

另外，据某些学者说，独处还有很重要的好处，比如一个人休息时可以促进免疫系统的改善，还有调整身体整体机能的作用。

另一方面，孩子一个人玩耍或静静发呆时，过度保护的父母会想介入，让他跟其他孩子一起玩耍；父母会因为担心孩子而跟他们打招呼。

可是，对孩子来说，他们是因为有发呆的必要，才这样做。父母的行为会打扰到孩子的内心作业，这时候还是静静地观望比较好。

◉ 孩子即便不与群体玩耍，
家长也要有勇气认可这是孩子的个性

如前面所说，孩子们在一个人的游戏中，一边试错，一边确认自己能做的事。通过这个作业，他们锻炼了一个人集中注意力的能力。而且通过这个体验，他们获得了觉得"自己能行"的自信心。

人本来就是因为能肯定自己才能肯定他人。如果对自己没有自信，就会为了不让自己的评价降低，而变得虚荣或总是去否定他人。

然而，如果连自己的短处都能认可，那你就能发出真实的声音，困难时也能够向他人求助。可是，如果不能认可自己的短处，那就会为了掩藏自己的短处，去逞强，去撒谎。

有了觉得自己能行的自我信赖感，就不会受到他人怎么想的情感支配，也就能产生考虑他人的余力。换句话说，就能对他人更温柔，更体谅他人的心，形成对他人的宽容。

因此，在共同玩耍时，他们能相互认可，相互友让，愉快玩耍。

可是，如果一个人静静玩耍的经验少，那容易缺失注意力，即便跟他人一起玩耍，也容易很快感到腻烦。

另外，由于少有机会进行试错练习，或反思自己能做的事情，因此也就无法形成自信，不知道自己用什么方法能办成事情。因为没有自信，就会为了吸引朋友的注意，不时调皮捣蛋。

这种行为，即便在孩子中也无法得到周围人的接纳。于是就只好奔走在不同的群体中，无法形成与人交往的能力，导致一直无法成熟。

● 父母无需过度介入

当看到没有融入朋友圈的孩子时，大人们会感到担忧。或者发现一个人玩耍的孩子时，大人们会觉得他们可怜，会想办法让他们融入其他孩子群中。

可是，这其实是不必要的关心。当然，也有想融入但无法融入朋友圈的孩子。如果他们在一个人默默地玩耍，我们

只需要温暖守候着他们。

我再次强调，孩子一个人的玩耍，对于他们个人成长是有必要的。妨碍孩子独自玩耍，会妨碍到孩子自我的形成。

● 有勇气跟自己的孩子说：
"即便没多少朋友也无需在意"

在前言中，我写到，孩子入学或升学进入新环境时，当他们回家后，家长很典型地会问他们是否交到了朋友。

所谓社会性，就是作为团体一员，妥当地应对团体中产生的复杂人际关系。换句话说就是与周围保持同步。

于是，**在新环境中能交到新朋友，在某种程度上就是一种能在社会中顺利生活的能力指标。**

因此，父母非常在意孩子是否交到了朋友。

可是，上小学或中学后，被问是否交到朋友，有时对孩子来说是一种压力。如果没交到朋友，孩子们会认为这是一件坏事，会责备自己没用。这会让孩子感到不如人，可能让他们因此失去自信。

因此，父母能做的是，即便孩子们没交到朋友，也能帮他们排除"没有朋友的人就没有价值"的错误观念，缓和他们的自卑感。

大部分家长会说"跟大家愉快地玩耍""多交些朋友"等。这些话反过来说，也就是在告诉他们"孤独是不好的"这种价值观。

可是，每个孩子的个性不同。有些孩子可以立刻融合到群体中，有些孩子会觉得独处更开心。因此，即便自己的孩子没交到朋友，也无须过度地担忧。

● 孩子的精神支柱只有父母

的确，孩子们由于自己的精神世界还小，创造自己身心安放处的能力还有限，总会倾向于抱团。在群体中就会感到安心，这是孩子的一种生存本能。

对于在学校这个小社会中生存的孩子来说，如果在那里没找到自己的位置，是一件非常痛苦和悲伤的事情。

因此，如果无法与周围融合，就很容易导致逃学和自闭，还会出现一到学校就往保健室跑的孩子。

这时候，**不要责备孩子，也不要强行让他们去学校。你只需要告诉他们，他们只是碰巧在这个学校里没有合得来的朋友而已，世界那么大，成人之后就能自己选择自己的朋友。**

如果无论如何都不想上学，父母也可以给他们提供转校这个选项。最坏的情况下可以选择逃避，逃避也没关系。有了父母这个强有力的后盾，孩子钻牛角尖的情况也会减少吧。

社会灌输给孩子们"朋友很重要""没朋友的人肯定人品有问题"等价值观。可是，**"即便没朋友，你也是一个了不起的人""即便朋友少，你也只需要重视现有的朋友就好了""朋友的数量与你作为人的价值并无关系"，能告诉孩子这些并认可孩子的人，只有父母。**

所谓命运，就是顺从
自己的心声，
由自己创造出来的东西

面对降临到自己身上的事情和状况，有人会说："这就是命运，没办法"，于是举手投降。其实，命运不过是"活出自己"而已。

比如，有些人天生手脚残疾，却使用声音识别技术写文章，说出自己的心声，为了表现出自己，积极地活跃在各种活动中。

而另一些人，四肢健全，能自由活动，却对人生感到绝望，不断诅咒自己的人生，整天宅在家中，大门不出二门不迈。

这两种人究竟哪种算不幸？其中命运差异又是谁造成的？

是上天吗？

天生残疾，出生贫困，天生的"宿命"的确没法改变。

可是，"命运"却可以由自己创造，可以通过自身努力接近自己想要的命运。剩下的就是看个人的解读方式了。

人类诞生后大约200万年，这漫长的时间中，我们出生在21世纪前半段这个最便利的时期，仅有一次不到百年的短暂又幸运的生命，如果在烦恼和悲伤中结束，那是多么可惜。

而且，自己这个存在，本来就传承了父母两边世代家族的各种遗传基因，可谓最新版本。但自己却不珍惜，让自己变成无用之人，这样真对不起祖先。

即便不提祖先，拥有明确的自我意识，持有强烈的自我肯定感，这些都是拥有幸福人生的基石。**所谓成熟的大人，是知晓培养自我是自己的责任，并妥当地将自己培养起来的人。**

而且，这是在孤独时与自己的内心对话中培育起来的。

这项内在作业，本书把其称作内省或内察，这是人所拥有的特权，可以说是人之所以为人的理由。

通过这个作业，我们锻炼了自己的内心，获得了高度的精神力量。

如本书中所说，这是一种强大的精神力量，可以让你无论遇到什么事都可以毫不动摇，可以拥有对多样性的尊重与宽容，无论发生什么状况都可以给自己的幸福赋予意义。

我认为，这种力量是无论在怎样的时代环境下，你都能轻松渡过难关的一种最强能力。

午堂登纪雄

人生年表

（人生轨迹图）

_____年出生于_____

_____年毕业于_____小学

_____年毕业于_____初中

_____年毕业于_____高中

_____年毕业于_____大学

_____年就职于_____单位，从事_____，担任_____

_____年跳槽到_____单位，从事_____，担任_____

_____年结婚

_____年生子（女）

_____年升职，担任_____

未来年表

1.多少岁时我想要有怎样的人生状态？这个年龄想做什么？

2.接下来的 5 年我需要做什么？

3.今年我需要做什么？

4.这个月我需要做什么？